热烈祝贺辽宁省水利水电勘测设计研究院（有限责任公司）
建院 70 周年

城镇河道综合治理设计 与工程案例

王成山　纪志军　等　编著

中国电力出版社
CHINA ELECTRIC POWER PRESS

内 容 提 要

本书结合多年城镇河道治理设计实践，总结了城镇河道平面与断面的设计原则、常用的河道护坡护岸型式以及常用的景观闸坝型式，通过工程案例，介绍了城镇河道治理设计方案、主要内容、实施过程及运行效果。以实现"水清、河畅、岸绿、景美、可持续"作为城镇河道综合治理总体目标，体现了防洪排涝、生态环境、人文景观统筹协调的城镇河道治理理念，为类似工程设计提供借鉴。

本书共分 15 章，主要内容包括：概述；河道总平面、断面及护坡护岸设计；河道景观闸坝型式；冲填砂浆结石技术在河道治理与生态修复中的应用；浑河下伯官气盾坝工程；大凌河朝阳城区段河道综合治理工程；沈阳市长白内河生态治理工程；棋盘山水库下游河道治理工程；宜州河义县城区段综合治理工程；岫岩县东洋河城镇段防洪及拦河蓄水工程；鞍山市南沙河综合治理工程；泉州市梧垵溪下游河道整治工程；赤峰市翁牛特旗少郎河综合治理工程；界首市万福沟水系综合治理工程；沈阳市造化排支综合整治工程。

本书适用于从事河道治理领域的设计、施工技术人员阅读使用，并可供相关科研院所、高等院校师生参考使用。

图书在版编目（CIP）数据

城镇河道综合治理设计与工程案例 / 王成山等编著 .

北京：中国电力出版社，2024.7. --ISBN 978-7-5198-9011-7

Ⅰ.TV85

中国国家版本馆 CIP 数据核字第 20249ZZ283 号

出版发行：中国电力出版社

地　　址：北京市东城区北京站西街 19 号（邮政编码 100005）

网　　址：http://www.cepp.sgcc.com.cn

责任编辑：安小丹（010-63412367）

责任校对：黄　蓓　王海南

装帧设计：赵丽媛

责任印制：吴　迪

印　　刷：固安县铭成印刷有限公司

版　　次：2024 年 7 月第一版

印　　次：2024 年 7 月北京第一次印刷

开　　本：787 毫米 ×1092 毫米　16 开本

印　　张：13

字　　数：257 千字

定　　价：98.00 元

《城镇河道综合治理设计与工程案例》

编委会

主　　任：关卫军　韩义超

副 主 任：齐云飞　徐　锋　陈俊喜

委　　员：邵明贵　王业红　刘艳杰　施济宏　刘　锐　李　千　马德新　陈尔凡

　　　　　周海龙　张鸿亮　韩雪冬　李长沙　王建武　余忠宾　陈　涛　纪　源

　　　　　杜晓佳　曹洁萍　刘　柱　陈远奇　年海龙　杨元卅　徐　昭　王志新

　　　　　万　爽　于　航　吴卿华　周乃恒　鲍立新　范　鹏　陈乃彧　王鹤霏

　　　　　王　宁　李　虹　李　猛　李郝鹏　康晓琦　张　建　王梓林　张　希

　　　　　汤先彬　季　旭　王学谦

前　言

改革开放以来，我国经济快速增长，人们的生活水平显著提高，同时，也带来了一些环境问题，尤其是城镇河道存在乱占、乱采、乱堆、乱建及生产生活污水直排入河等问题，引起河道淤积，行洪能力降低，造成河道水体污染、水体黑臭富营养化以及生态景观缺失等问题。人居环境恶化，城市品位降低，甚至危害到国家财产安全和人民生命健康，与城镇社会经济发展极不协调，由此，提出了对城镇河道进行综合治理的要求。

城镇河道治理也从早年的单一防洪排涝发展到防洪、排涝、污染、岸线景观等多目标综合治理。从单一的水利工程专业，发展到涉及水利、市政、生态环保、园林景观、道路桥梁等多专业融合。通过采取河道疏浚、堤岸加固、水生态、水景观、水环境等综合治理措施，实现"水清、河畅、岸绿、景美、可持续"的治理目标，实现水安全、水资源、水文化、水生态、水环境等方面协同推进。

随着一些城镇段河道综合治理工程的实施，提升了城市品质，改善了人居环境，获得了显著的经济效益、社会效益和生态环境效益。自然景观丰富的自然生态化河道治理，符合国家和人类可持续发展战略和生态文明建设要求，是未来河道治理的目标和方向。本书总结10余项城镇段河道综合治理工程在设计理念、设计定位、设计目标、设计内容、工程措施等方面的有益尝试，供教学和设计类似工程借鉴。

本书主要内容：第一章为概述；第二章为河道总平面、断面及护坡护岸设计；第三章为河道景观闸坝型式；第四章为冲填砂浆结石技术在河道治理与生态修复中的应用；第五章为浑河下伯官气盾坝工程；第六章为大凌河朝阳城区段河道综合治理工程；第七章为沈阳市长白内河生态治理工程；第八章为棋盘山水库下游河道治理工程；第九章为宜州河义县城区段综合治理工程；第十章为岫岩县东洋河城镇段防洪及拦河蓄水工程；第十一章为鞍山市南沙河综合治理工程；第十二章为泉州市梧垵溪下游河道整治工程；第十三章为赤峰市翁牛特旗少郎河综合治理工程；第十四章为界首市万福沟水系综合治理工程；第十五章为沈阳市造化排支综合整治工程。

本书引用了大量参考资料，辽宁省水利水电勘测设计研究院、赤峰市水利规划设计研究院、淮安市水利勘测设计研究院有限公司、沈阳乾玉水利有限公司、铁岭尔凡橡塑研发有限公司以及国家海洋环境监测中心为本书提供了有益研究参考资料，谨向文献作者及资料提供者致以衷心感谢，并祝贺辽宁省水利水电勘测设计研究院（有限责任公司）建院 70 周年。

编著者

2024 年 6 月

目 录

1

第一章
概述

一、城镇河道治理的必要性

改革开放以来，我国经济快速增长，人们的生活水平显著提高，同时，也带来了一些环境问题，尤其是城镇河道存在乱占、乱采、乱堆、乱建及生产生活污水直排入河等问题，引起河道淤积，行洪能力降低，造成河道水体污染、水体黑臭富营养化以及生态景观缺失等问题。人居环境恶化，城市品位降低，甚至危害到国家财产安全和人民生命健康，与城镇社会经济发展极不协调，由此，提出了对城镇河道进行综合治理的要求。

1987年，布伦特兰夫人首次提出"可持续发展概念"，是指满足当代需要而又不削弱子孙后代满足其需要之能力的发展，其核心思想是经济发展、保护资源和保护生态环境协调一致，让子孙后代能够享受充分的资源和良好的资源环境。2012年，国家发布《中华人民共和国可持续发展国家报告》，做出"大力推进生态文明建设"的战略决策。2015年，加强生态文明建设首度被写入国家五年规划。2018年，生态文明建设写入宪法。2015年4月16日，国务院正式发布《水污染防治行动计划》，要求地级及以上城市建成区应于2015年底前完成水体排查，公布黑臭水体名称、责任人及达标期限；2017年底前实现河面无大面积漂浮物，河岸无垃圾，无违法排污口；2020年底前完成黑臭水体治理目标。生态文明建设和环境污染治理逐步提上日程，并越来越得到重视。随着河长制的推行，影响河道生命健康的乱占、乱采、乱堆、乱建等顽疾正逐步得到消除，水环境恶化、河湖功能退化现象正逐步得到改善。

城镇河道治理，从单一的防洪排涝，发展到防洪排涝、污染治理、岸线景观等多目标综合治理；从单一的水利工程专业，发展到涉及水利、市政、生态环保、园林景观、道路桥梁等多专业融合。通过清淤疏浚、堤岸加固、水生态水景观水环境保护与治理、两岸园林景观设计与建设，实现"水清、河畅、岸绿、景美、可持续"的治理目标。随着一些城镇段河道综合治理工程的实施，提升了城市品质，改善了人居环境，获得了显著的经济效益、社会效益和生态环境效益。河道由"脏、乱、差"变"净、齐、美"，实现了化蛹成蝶的华丽转身。清澈的溪流和浅滩，孩子们在其中嬉戏玩耍，捉鱼摸虾，河岸绿色充盈，铺青叠翠，成了两岸居民消闲娱乐的好去处。晨曦下，暮色中，人们漫步河畔，尽情享受清新曼妙的生活。自然景观丰富的自然生态化河道治理，符合社会可持续发展战略和生态文明建设要求，是河道治理的目标和方向。

冲填砂浆结石技术是继浆砌石结石技术和混凝土结石技术之后的砂浆结石新技术，与浆砌石、混凝土比较，具有质量好、速度快、造价低、经久耐用、工艺简单、节能环保、充分使用地材等优势，将在大体积结构中替代传统人工砌筑浆砌石和混凝土技术，彻底终结了大体积混凝土的温控防裂难题，是大体积土木工程结构施工技术的一次开创性新突破。

二、浑河沈抚新区下伯官气盾坝工程

浑河沈抚新区下伯官气盾坝工程于 2020 年 9 月开工，2022 年 8 月完工。气盾坝总长 411m，共 4 跨，每跨净宽 102m，坝高 3.5m。下伯官气盾坝具有多项技术创新，包括：

（1）气盾坝橡胶气囊整体成型硫化罐一次硫化，解决了平板硫化容易在气囊本体中形成气泡及分层问题。

（2）气盾坝橡胶气囊采用楔形结构锚固，确保气囊主体不受损伤，保证增强纤维连续，减少安装误差对坝体使用影响，气密性好，运行更加稳定安全，是最为先进的锚固形式。

（3）主锚固螺栓排采取预制加工、成套安装及定位模具措施，提高了施工效率，较低了施工强度，提高了预埋件安装精度。

（4）采用微气泡法除冰装置，保障气盾坝冬季安全运行。

（5）气盾坝可通过 PLC 现地手动或自动操作实现开启或关闭动作，通过预留的远程控制（SCADA）接口实现远程控制。

（6）采用水下灯营造炫彩夜景。该工程采用气盾坝，满足了对上游城市防洪影响最小，以及泄洪安全、耐久安全、城市景观等要求。

三、大凌河朝阳城区段河道综合治理工程

大凌河朝阳城区段河道综合治理工程于 2002 年 10 月开工，2004 年 10 月主体完工，2006 年 10 月竣工。通过城区段河道综合治理，昔日风沙带，今朝变绿洲，已成为国家级水利风景区。大凌河朝阳城区段河道综合治理设计内容丰富，包括河道防洪标准、堤线的确定、水面线的推求、泥沙影响分析、人工湖蓄水预测及人工湖蓄水对地下水影响分析、河道横断面及护岸设计、人工湖防渗结构设计、壅水建筑物橡胶坝设计以及两岸园林景观设计等内容。两岸绿化带生态景观规划设计构思充分体现了生态及文化理念，风景区以一轴（历史文化轴）、一线（时代发展线）、一河（大凌河）、一带（公园绿化带）为主题，形成了五大功能区的景观格局，即植物景观区、动物景观区、滨水休闲景观区、人文景观区、体育运动景观区，在布局结构上强调了 3 条主脉，即水景线——水脉；生态线——绿脉；文化线——文脉。朝阳市大凌河风景区景观规划设计方案充分挖掘了地方文化特性，将传统文化融入现代城市建设中，创造出富有地方文化特色的城市滨水景观。

四、沈阳市长白内河生态治理工程

沈阳市长白内河生态治理工程于 2007 年开工建设，2008 年完工。内河水系设计包括总体设计原则、总平面、纵断面、横断面、生态护岸、基础防渗、景观水闸及穿堤涵管等设计内容。该工程实施后形成环岛水系，对促进该区域水利景观建设，提升城区品位，实现人水和谐，带动区域经济发展起到了十分重要的作用。具体表现在：

（1）改善了周边生态环境，为岛内开发建设奠定基础。

（2）营造出亲水氛围，提升城市品位，促进人水和谐。

（3）减弱城区热岛效应，改善空气环境。

（4）有效改善渠道水流条件及灌区水质。

五、棋盘山水库下游河道治理工程主体工程

棋盘山水库下游河道治理工程主体工程于 2011 年 5 月开工，2012 年 11 月 5 日完工。该工程将原来无任何防护措施和防洪能力、杂草丛生、淤积严重、蜿蜒曲折近 5km 长的坝下河道进行综合治理。本着尽量减少工程占地、不破坏自然环境和节省投资的原则，科学地确定了工程建设方案，总体布置因势利导，设计河道依右岸山体布置，由渠首跌水段、渠道段、渐变段、钢坝闸、泄洪隧洞、渠尾跌水段等工程组成，将原 5km 河道缩短至 1.90km，为辽宁省国际会议中心项目增加建设用地 300 多亩，有效地缓解了项目建设用地紧张问题，弥补了会议中心选址上的缺憾，提供了用地保障。河道横断面设计兼顾防洪泄洪和生态景观。行洪主槽为 30m 宽混凝土矩形断面，设计景观水位高出行洪主槽 0.5m，巧妙地将行洪主槽混凝土结构隐藏在景观常水位以下。河道左岸为木栈道、木平台、石板路、景石护岸以及岸边浅水区水生植物。右岸水面以上栽种各种珍贵树种、花草，岸边浅水区种植水生植物，景石点缀其间。整个河道看不到钢筋、水泥，代之以水、草、花、树、景石、木栈道和石板路，完全融入周围自然景色之中，防洪排涝与生态景观完美结合。通过泄洪隧洞前设置钢坝闸对渠道景观水域实现控制。平时，沿线渠道泄洪建筑物均在景观水面线以下，泄洪时，开启钢坝闸门，由平时隐藏在景观水面以下的渠道完成泄放洪水任务。通过坝下河道整治工程，完善了棋盘山水库下游河道防洪排涝体系，提高了水库坝下河道防洪能力，实现了防洪、排涝、生态、环境、景观、用地的完美结合。

六、宜州河义县城区段河道综合治理工程

宜州河义县城区段河道综合治理工程于 2015 年 4 月开工，同年 10 月竣工。工程主要内容包括堤防改建、主槽防护、河道清理、蓄水工程、供水工程及河道生态工程的建设。通过该工程建设，提高宜州河防洪能力，改善河道生态环境，解决了现状防洪能力不足、水质污染、绿化效果差、不能满足城市发展需要的问题，使义县宜州河城市段防洪能力达到 20 年一遇标准，为城区建设提供防洪安全保障。发挥其城

市之肺的重要作用，为实现城市总体规划的"人文宜居古宜州，南承北联新义县"的总体发展目标提供安全保障和环境支持。由于建设了生态水景、布置休闲广场，为城镇居民提供休闲娱乐的绿色生态河道，实现了人们亲水、嬉水的美好愿望。配合义县东部新城区建设，达到提高城市防洪能力、美化城市环境、提高城市品位的治理目标。

七、岫岩县东洋河城镇段防洪及拦河蓄水工程

岫岩县东洋河城镇段防洪及拦河蓄水工程于 2008 年 4 月开工建设，2008 年 11 月主体工程完工，2009 年 9 月竣工验收。该工程的建设将与东洋河河道整治、污水截流、水上乐园、交通桥梁等工程的建设一起逐步实施。工程主要内容为东洋河右岸堤防长度 5.3km，左岸堤防长度 6.57km，并在该段河道内修建 4 座橡胶坝，形成雍水水面共计约 21.26 万 m²。

该工程每座橡胶坝均为 6 跨，沿着橡胶坝坝轴线方向采用不同的底板高程，适应天然河道的地形条件，1、3 号橡胶坝采用一跨降低底板 0.5m，前设 1m 高检修坝袋，使坝袋及底板检修更方便。通过堤防工程建设，使右岸主城区防洪标准达到 50 年一遇，左岸城区防洪标准达到 20 年一遇，提高了两岸居民和工农业生产抵御洪水侵袭能力。通过蓄水工程建设，极大地提升和改善了沿河地带人居环境，达到景观和防洪的协调、工程设施和周围环境的协调。蓄水水面建成后，使城区空气相对湿度有所增加，沿湖两岸已形成区域小气候，空气有明显的新鲜感，实现了碧水蓝天、绿树成荫、人水和谐的环境效益。该工程的建设对完善城市功能，提升城市品位，塑造城市形象，具有十分重要的意义，收到了显著的经济效益、社会效益和生态环境效益。

八、鞍山南沙河哈大铁路桥—7 号桥段综合治理工程

鞍山南沙河哈大铁路桥—7 号桥段综合治理工程于 2008 年 8 月开工建设，2017 年完工。通过修筑堤防、清滩、穿跨堤建筑物及橡胶坝工程，实现了城市防洪、排涝、雨污水分流以及水景观提升。由于地质原因，地下水抽取困难，1、2 号橡胶坝在橡胶坝上游河道靠近管理房一侧平行橡胶坝布置一条长为 50m 的渗渠，在靠近管

理房一侧引入集水井。这种因地制宜的充水水源布置形式，满足了橡胶坝充水运行需要，实践证明效果良好。1号橡胶坝变更成翻板闸后，通过闸下堰型优化，增大过流能力，使得翻板闸对防洪影响不大且运行良好。

九、泉州市梧垵溪下游河道整治工程

泉州市梧垵溪下游河道整治工程于2017年1月开工建设，2018年末完工，整治河道全长约2.92km。主要建设内容为：河道两岸新建堤防5.41km（其中，左岸2.64km，右岸2.77km），河道扩宽整理2.92km，拆除交通桥1座（即1号桥），拆除排水涵管4座，拆除重建排水涵8座，新建排水涵管4座、新建水闸1座、拆除重建水闸1座，新建污水管道6.18km。通过泉州市梧垵溪下游河道整治工程，既可提高河道行洪能力，减少洪涝灾害，又可满足石狮市区生态补水和灌溉需求、修复河道生态和改善水质，提升两岸城镇居民生活和环境品质。

该工程特点是深厚淤泥质地基、两岸用地紧张、征地困难、部分建筑物紧邻河岸边，驳岸型式选择及其地基处理方案是设计重点和难点，也是工程成败的关键。通过对衡重式浆砌石挡墙、重力式浆砌石挡墙、悬臂式钢筋混凝土挡墙及混凝土预制块生态挡墙各方案进行充分的技术经济比较，陡墙式堤防采用了衡重式浆砌石挡墙结构方案。河道右岸紧邻高层建筑、石狮市水厂泵房、供水公司供水箱涵段及左岸鞋厂厂房段，由于堤线距离建筑物较近，为2.0~6.0m，采取围护桩的型式进行岸坡防护。依据地勘资料选取单排钻孔灌注桩+预应力扩孔锚索及双排钻孔灌注桩两种方案，经技术经济综合比较，单排桩+扩孔锚索方案具有投资节省、占地面积较少、桩顶水平位移小、更利于保证周边市政构筑物的安全与稳定等优点，但考虑在现场建筑物下进行锚索施工存在困难，建筑物业主不同意在下方施打扩孔锚索。因此，从施工技术合理、可行的方面考虑，建筑物防护采用双排桩方案，供水箱涵防护采用单排桩+扩孔锚索方案。

对大部分堤段采用水泥搅拌桩进行地基处理。部分堤段由于高压线影响，采用高压旋喷桩进行地基处理。

工程实施阶段，对围护桩岸坡防护型式进行设计变更，采用更为施工方便、快捷、节省的钢管模袋桩新型防护型式。

十、内蒙古赤峰市翁牛特旗乌丹镇少郎河综合治理工程

内蒙古赤峰市翁牛特旗乌丹镇少郎河综合治理工程于2011年9月开工建设，2012年10月完工。通过河道的清淤疏浚及修建河道护岸工程，防止河道塌岸，保护乌丹镇，保护河道上的桥梁、保护河道两侧的房屋以及耕地免受洪水灾害；修建拦河景观工程，形成水面以改善区域环境。

该工程满足河道防洪安全并结合景观需要采用了多种护坡护岸形式，包括草皮护坡、水工联锁式护土砖护坡、混凝土六棱体彩砖护坡、半缝混凝土板护坡、自嵌式挡土墙、仿石混凝土挡土墙、重力式混凝土挡土墙以及重力式（衡重式）浆砌石挡土墙护岸。建设两座2.5m高钢坝闸，其中，上游闸1孔，净宽20m；下游闸2孔，每孔净宽37.5m，设5m宽中墩（中墩内设置两台集成液压启闭机），总宽80m。把河道治理、环境美化、人文文化有机结合起来，以河道的自然形态为根本，以人文景观为依托，挖掘当地民族习俗、大漠风情等文化底蕴，沿小西河北岸布置了沙滩微景点、娱乐广场、象形文字、动物造型等微景观，南岸结合民族风情和辽文化在立墙上设置了蒙古族风情、玉龙玉凤雕塑、廉政文化主题公园等景点，最后以过水廊桥彩虹桥汇入少郎河，整个建设与绿草树荫紧密融合，筑起一道绿色生态人文景观长廊，美观、整洁、大方。结合全面推行和落实河长制管理体系，彻底根除了影响河道生命健康的乱占、乱采、乱堆、乱建等顽疾。现在的少郎河，岸边铺青叠翠，河里清波荡漾，居家敞开了门窗，遛弯人熙熙攘攘。河道由"脏乱差"变"净齐美"。当年的黑臭河成了两岸居民消闲娱乐的绝佳去处，实现了化蛹成蝶的华丽转身。

十一、界首市万福沟水系综合治理工程

界首市万福沟水系综合治理工程主要包括水利工程、水环境水生态工程及景观绿化工程等内容。核心任务为：

（1）水利工程。通过清淤疏浚、开挖拓宽，使河道满足防洪排涝的要求。通过河网连通，水系循环，补水蓄水，使域内河流流动起来，修复河流生态，恢复河流生命。

（2）水环境及水生态工程。通过截污控源、净化水质、消除黑臭，提升水体自净能力，实现水质改善目标，营造良好的亲水环境，构建完整的水生态系统，并具备生态完整性的基本水质条件。

（3）景观绿化工程。通过河道及周边生态环境的提升，展示新的沿河滨水空间，为群众提供新的亲水空间，改善人居生活品质，使沿河两岸成为生态风景旅游区与文化交流区。

该工程项目内容丰富、措施多样，是具有代表性的工程案例之一。

十二、沈阳市造化排支综合整治工程

沈阳市造化排支综合整治工程通过控源截污、内源治理、引蓄水源工程、生态修复、拦河蓄水等工程，消除河道黑臭，增强河道防洪排涝能力，提升环境景观，改善周边市民的居住环境。解决了生产生活污水直排入河、河道淤积、垃圾堆积、防洪排涝能力低、岸坎无防护、景观系统缺失以及生态系统不完善等问题。

通过新建污水处理系统进行控源截污，通过垃圾清运及清淤工程进行内源治理，通过新建提水泵站、埋设管线及建设气盾闸实现引水补水蓄水，通过护岸工程、慢行系统、驿站建设、照明工程实现岸带修复，通过种植水生植物实现生态净化。

采用防腐钢筋石笼直墙护岸，生态效果好、投资节省并节省空间，减少两岸占地拆迁，在有限的空间布置了2m宽亲水人行路及4m宽慢行系统彩色沥青路面。

该工程采用了在防洪安全、自身安全、使用寿命、运行成本、维护管理、施工安装与工期等方面均有较大优势的气盾坝景观闸坝。

2

CHAPTER 2

第二章

河道总平面、断面及护坡护岸设计

第一节

河道总平面、横断面及护坡护岸设计原则

一、河道总平面设计原则

城镇河道岸线总体布置以徐缓曲线为宜，有利于水流顺畅，景观自然。过于平直的岸线，人工痕迹明显，让人感觉单调乏味。过度弯曲的岸线，也使景观显得不自然。突变的岸线，不利于水流顺畅流动，容易局部冲刷，且景观生硬，需要尽量避免。自然形成的河流，大多数情况沿原河流走势进行平面布置，并与城市规划用地相协调。

二、河道横断面设计原则

河道横断型式设计，主要考虑保证满足河道行洪、河岸冲刷、亲水性、两岸占地及河面宽度视觉要求。河道常用的断面型式有梯形断面、复式断面和矩形断面（见图 2-1）。一般情况下，在条件允许的地方可采用梯形断面或复式断面，占地较多，投资较省。而在用地特别困难的地方，则采用矩形断面。根据河道的地形地质情况及景观规划要求，可以采用不同的组合。

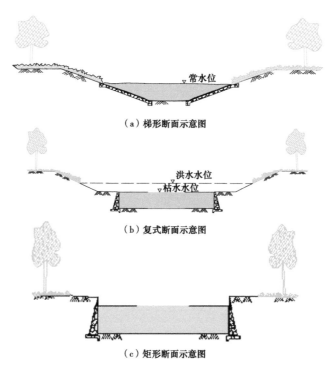

（a）梯形断面示意图

（b）复式断面示意图

（c）矩形断面示意图

图 2-1 常见断面型式示意图

三、河道护坡护岸设计原则

河道护坡护岸设计遵循下列原则：

（1）充分体现自然、生态、亲水特点，为人们提供水边活动和休闲空间。

（2）河岸防护力求生态化，尽可能多用植物防护，减少硬防护。

（3）护岸高度、坡度、长度、材料尺寸等均应满足视觉要求。

（4）常水位以下、水位变化区以及高水位以上，采用不同护坡型式。

（5）沿河护岸形式多样化，避免视觉疲劳，达到"步移景异"的效果，同时与城市规划开发功能相协调。

（6）经济原则。采用硬防护部位，应就地取材，充分利用当地材料。植物材料的选择，应充分利用适应性强、自繁能力强的乡土植物，不用或少用大规格、高单价苗木，降低建设成本和管理养护成本。选择植物应充分考虑本地区气候与环境特点，北方水生植物应具有耐寒、耐水、生命力强并具净化水质等特点。北方旱地植物选择耐寒冷、绿期长草种，选择冬季不落叶或少落叶的灌木和乔木。

常用护坡护岸型式

一、生态混凝土护岸

生态混凝土是内部具有连续孔隙的多孔混凝土，具有透水性、透气性以及类似土壤的呼吸功能，并能保证水分的正常蒸发和渗透，利于水体和土壤的物质能量交换，为植物微生物的生长提供适宜的空间，多孔混凝土既能保护堤岸防止侵蚀，又可在其表面直接覆土播种草籽和小苗，从而形成自然生态型的河道护岸、河渠护坡。生态混凝土护岸如图 2-2 所示。

图 2-2　生态混凝土护岸

二、景石（块石）护岸

在护脚处浇筑浆砌石基础，在其上进行景石的堆砌和码放。石与石的缝隙之间不砌死，而是巧妙地用碎石填充，使这种小空间成为水生动物和植物的乐园，并使土体与水气互相交换和循环。要求稳固和平缓岸坡，两岸增加占地，造价较高。景石（块石）护岸如图 2-3 所示。

图 2-3 景石（块石）护岸

三、木桩柳条护岸

木桩柳条护岸常用于波浪较小、水深较浅的河岸防护，具有造价较低、美观实用、生态效果好等优点；其缺点是耐久性相对较差，在长时间的风吹日晒和水的浸泡作用下，容易发生腐蚀，需要更多的维护和修缮。木桩柳条护岸如图 2-4 所示。

图 2-4 木桩柳条护岸

四、生态格网（固滨笼、绿滨垫）、钢筋石笼护岸

生态格网（固滨笼、绿滨垫）是将低碳钢丝经机器编制而成的双绞合六边形金属网格组合成的工程构件，在构件中填石构成固滨笼墙式护岸结构和绿滨垫坡式护岸结构。格网的材料可选用有 PVC 覆层或无 PVC 覆层的经热镀工艺进行抗腐处理的

低碳钢丝。钢丝为热镀锌低碳钢丝、铝锌混合稀土合金镀层低碳钢丝，以及经高抗腐处理的以上同质钢丝等。

钢筋石笼是采用钢筋涂防腐漆后组装网箱内填石料形成的一种柔性挡墙护岸结构。

格宾石笼、绿滨垫、钢筋石笼均为柔性护岸结构，具有适应较大的沉降变形、抗腐蚀、耐久性好、充填物广泛（任何粗石、毛石均可）、占地少、造价低、表面绿化生态效果好等优势。格宾石笼、钢筋石笼护岸如图2-5所示。

图2-5　格宾石笼、钢筋石笼护岸

五、苏布洛克加筋干垒挡土墙护岸

加筋干垒墙块体由高强低吸水率的混凝土预制成，具有较好的耐腐蚀性、耐水性和抗冻性。加筋干垒墙是柔性重力式结构，能适应较大的整体沉降和一定程度的不均匀沉降，允许块体微小的位移，整体耐久性更好，有较强抗冲刷能力，外观美观，可以满足较陡岸坡稳定性要求，且占地少。苏布洛克加筋干垒挡土墙护岸如图 2-6 所示。

图 2-6　苏布洛克加筋干垒挡土墙护岸

六、苏布洛克联锁式护土砖护岸

联锁式护土砖由高强低吸水率的混凝土预制成,具有较好的耐腐蚀性、耐水性和抗冻性。分为自锁式和带钢索两种形式,自锁式常用于岸坡防护,带钢索形式常用于岸坡护脚,能适应一定程度的不均匀沉降变形,具有较好的整体性、耐久性和较强抗冲刷能力。水上部位预留孔中植草绿化,具有一定的生态效果和较好外观效果。苏布洛克联锁式护土砖护岸如图 2-7 所示。

图 2-7　苏布洛克联锁式护土砖护岸

七、现浇混凝土板坡式护岸

现浇混凝土板坡式护岸具有较好的耐久性，抗冲刷能力强，但生态效果较差。现浇混凝土板坡式护岸如图 2-8 所示。

图 2-8　现浇混凝土板坡式护岸

八、陆生植物（乔木、灌木、草皮等）护岸

陆生植物（乔木、灌木、草皮等）护岸，通过在岸坡种植植被，利用植物发达根系进行护坡固土、防止水土流失，在满足生态环境的需要的同时进行景观造景。适用于岸坡平缓，流速小的河岸防护，具有良好的生态效果。固土植物一般应选择耐酸碱性、具有根系发达、生长快、绿期长、成活率高、价格经济、管理粗放、抗病虫害、与杂草竞争力强的特点。植物护岸如图 2-9 所示。

九、水生植物护岸

河湖岸边浅水区种植水生植物，适合于流速较小的缓坡河岸防护。北方地区所选水生植物宜具有耐寒、耐水、生命力强特点并具净化水质等特性。常选用的水生植物包括千屈菜、黄菖蒲、芦苇、香蒲、水葱、荷花、睡莲等。水生植物护岸如图 2-10 所示。

图 2-9　植物护岸

图 2-10　水生植物护岸

十、生态袋护岸

　　生态袋护岸是由聚丙烯或者聚酯纤维针刺无纺布加工而成的袋子，内填充土壤和营养成分混合物，叠摞形成的柔性生态护坡结构。由于无纺布的隔离过滤作用，既能防止袋内填充物流失，又能实现水分在土壤中的正常交流，植物可穿过袋体自由生长，根系进入基础土壤中，实现岸坡稳固。生态袋护岸适用于生态河畔、水土保持、水位变化区复绿、湿地等护岸工程。生态袋护岸如图 2-11 所示。

十一、预制混凝土装配式生态框护岸

　　预制混凝土装配式生态框护岸是由混凝土、植物和岩土组成的综合护坡系统，包括阶梯式和砌块式两种，其原理是利用空箱结构堆叠安装，箱内回填碎石、种植

图 2-11　生态袋护岸

土或混凝土等形成挡土结构或景观结构，构件外立面为仿石材、木纹等装饰面，适用于生态河道、水土保持、水库、湿地、公园湖泊等护岸工程。使用现场石料、砂土等填充，施工方便、可以缩短工期。满足较陡岸坡稳定性要求，占地少，具有生态效果，造价较高。预制混凝土装配式生态框护岸如图 2-12 所示。

图 2-12　预制混凝土装配式生态框护岸

十二、预制混凝土仿木桩护岸

预制混凝土仿木桩护岸是用混凝土预制桩替代木桩，其表面呈仿木纹效果，美观、环保，具有良好的景观效果。结合预应力混凝土管桩的成熟工艺，采用先张法工艺生产，抗弯抗剪性能优越。通过离心成型，混凝土致密性能大幅度提高，抗渗性能好，抗冻融、抗腐蚀能力强，耐久性好。预制混凝土仿木桩护岸如图 2-13 所示。

图 2-13 预制混凝土仿木桩护岸

十三、预制混凝土波浪桩护岸

预应力混凝土波浪桩是一种新型的预制护岸构件，主要用于水利、市政、工业与民用建筑、港口、铁路等领域的边坡或岸坡支护挡土。波浪桩具有抗渗性能好、防腐性能好、成桩效果美观及质量可控等优点。水上施工，省去围堰、开挖、降水等工序，缩短工期，降低造价。预制混凝土波浪桩护岸如图 2-14 所示。

图 2-14 预制混凝土波浪桩护岸

十四、预制装配悬臂式挡土墙护岸

预制装配悬臂式挡土墙护岸是由工厂化预制，现场通过吊装组成挡土护岸结构，具有施工速度快、现场用工量小、造价低等特点。预制装配悬臂式挡土墙护岸如图 2-15 所示。

图 2-15　预制装配悬臂式挡土墙护岸

十五、预制混凝土装配空箱重力式挡土墙护岸

预制混凝土装配空箱重力式挡土墙是一种在工厂进行制作，施工现场安装的一种预制空箱结构，回填砂石料、建筑残土、废弃土方、混凝土等材料形成重力式挡土墙。空箱结构分为Ⅰ型、Ⅱ型、Ⅲ型，可根据挡土高度采用单体构件或联合使用形成 2~4.5m 高的挡墙。挡墙顶部可回填种植土形成沿岸绿化，挡墙外立面可根据工程需求定制砖纹、仿木纹、仿石纹、清水混凝土图案等不同饰面，集挡土、生态、景观等多功能于一体。预制混凝土装配空箱重力式挡土墙具有施工速度快、适用范围广、受力性能好、经济指标优、成品质量优等特点。预制混凝土装配空箱重力式挡土墙护岸如图 2-16 所示。

十六、重力式及衡重式挡土墙护岸

重力式及衡重式挡土墙是依靠墙身自重抵抗土体侧压力的挡土墙，它是一种常

图 2-16 预制混凝土装配空箱重力式挡土墙护岸

用的传统挡土墙护岸结构型式。重力式及衡重式挡土墙可用石砌或混凝土建成，具有可就地取材，施工方便，经济效果好，抗冲能力强等优势。在软弱地基上修建往往受到承载力的限制，一般适用于 4m 高度以下挡墙。重力式及衡重式挡土墙护岸如图 2-17 所示。

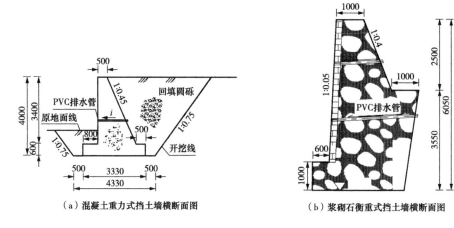

（a）混凝土重力式挡土墙横断面图　　　　（b）浆砌石衡重式挡土墙横断面图

图 2-17 重力式及衡重式挡土墙护岸（单位：mm）

十七、钢筋混凝土悬臂式挡土墙护岸

钢筋混凝土悬臂式挡土墙由底板和固定在底板上的直墙构成，即由立壁、趾板及踵板三个钢筋混凝土构件组成。具有结构尺寸小、自重轻、便于在石料缺乏和地基承载力较低的填方地段使用等优势。一般适用于 4~8m 高度挡墙。钢筋混凝土悬臂式挡土墙护岸如图 2-18 所示。

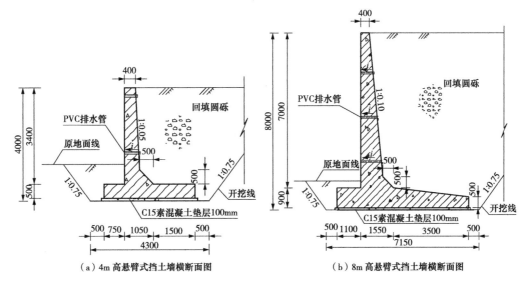

（a）4m 高悬臂式挡土墙横断面图　　　（b）8m 高悬臂式挡土墙横断面图

图 2-18　钢筋混凝土悬臂式挡土墙护岸（单位：mm）

十八、扶臂式挡土墙护岸

钢筋混凝土扶臂式挡土墙指的是沿悬臂式挡土墙的立臂，每隔一定距离加一道扶壁，将立壁与踵板连接起来的挡土墙，具有构造简单、施工方便，墙身断面较小，自身质量轻，可以较好地发挥材料的强度性能，能适应承载力较低的地基等优势。适用于缺乏石料及地震地区，一般适用于 8m 高度以上挡墙。扶臂式挡土墙护岸如图 2-19 所示。

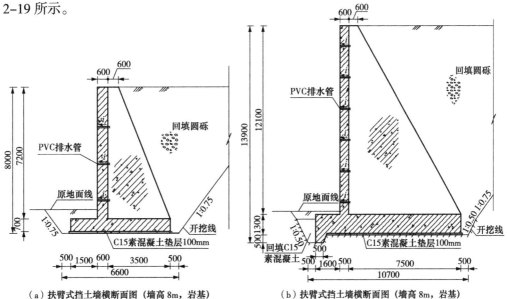

（a）扶臂式挡土墙横断面图（墙高 8m，岩基）　　（b）扶臂式挡土墙横断面图（墙高 8m，岩基）

图 2-19　扶臂式挡土墙护岸（单位：mm）

十九、冲填砂浆结石与六棱形埋石混凝土预制块复合护岸

冲填砂浆结石（简称 JCRY）技术是将现场搅拌的水泥浆经特制浆砂混合器进行两次浆砂混合形成的砂浆，直接冲填到堆石体中，形成以堆石为骨架，以砂浆为胶结的结石体的一种施工新技术。采用冲填砂浆结石护脚，六棱形埋石混凝土预制块砌筑上部墙体结构，具有施工快捷、造价节省、减少占地、外形美观、生态绿化、抗冲能力强等优势。冲填砂浆结石与六棱形埋石混凝土预制块复合护岸如图 2-20 所示。

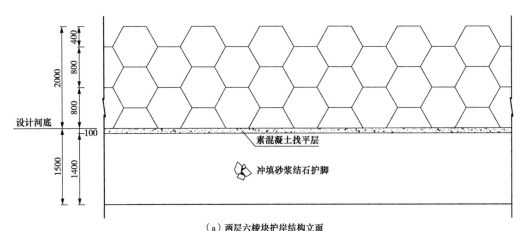

（a）两层六棱块护岸结构立面

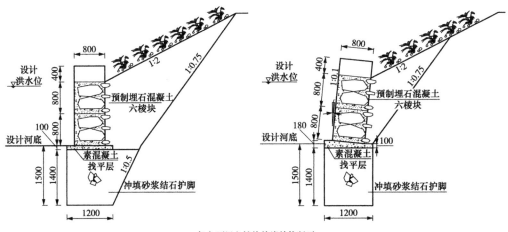

（b）两层六棱块护岸结构断面

图 2-20　冲填砂浆结石与六棱形埋石混凝土预制块复合护岸（一）

（c）JCRY技术河道护岸效果

图 2-20　冲填砂浆结石与六棱形埋石混凝土预制块复合护岸（二）

二十、冲填砂浆结石与生态石笼复合护岸

采用冲填砂浆结石与石笼复合护岸结构，具有施工快捷、造价节省、生态绿化、抗冲能力强等优势。冲填砂浆结石与生态石笼复合护岸如图 2-21 所示。

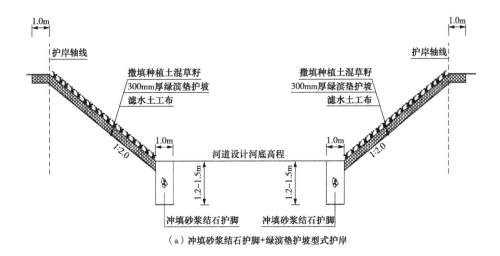

（a）冲填砂浆结石护脚+绿滨垫护坡型式护岸

图 2-21　冲填砂浆结石与石笼复合护岸（单位：mm）（一）

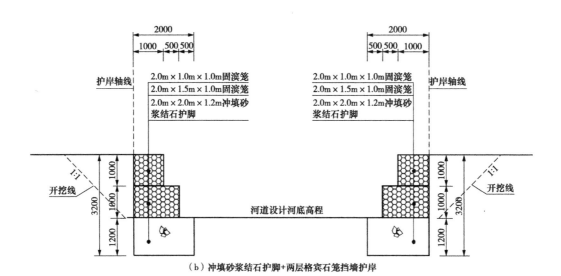

（b）冲填砂浆结石护脚+两层格宾石笼挡墙护岸

图2-21 冲填砂浆结石与石笼复合护岸（单位：mm）（二）

3

CHAPTER 3

第三章
河道景观闸坝型式

河道景观闸坝型式选择，需考虑挡水高度、河道宽度、洪水特性，漂浮物情况、河道泥沙等特点，在满足正常挡水前提下，挡水闸坝应尽量降低对河道行洪的不利影响，不宜减缩河道行洪断面。常见闸坝型式包括：实体堰坝、传统平板闸门、水力自控翻板闸、液压控制翻板闸、普通橡胶坝（充水式、充气式）、气动盾形闸门、集成液压式底轴翻转钢坝闸、液压升降坝、液压钢板闸（合页活动坝）及液压倒伏式闸门等。

一、实体堰坝型式

实体堰坝一般为浆砌石或混凝土结构，也有内部采用混凝土结构，表面为彩色塑石的实体景观堰坝。实体堰坝对河道行洪影响较大，人为降低堤防防洪能力，且长期使用易引起淤积而较少使用。如图 3-1 所示为岫岩东洋河实体堰坝。

图 3-1　岫岩东洋河实体堰坝

二、传统平板闸门

采用平板钢闸门等常规闸门，主要优点是安全度高，泄流能力大，运行调度灵活，通过闸门不同组合的开启调度方式，可以渲泄各种频率的洪水。其缺点是金属结构及土建工程量较大，上部结构较高，需设置启闭设备，施工复杂，工期长，造价较高，而且管理麻烦，运行维护费用高，需配专人管理，同时，水从闸门下部流出，不能排泄水面漂浮物，增加漂浮物打捞工作量。如图 3-2 所示为石佛寺水库拦河闸。

图 3-2　石佛寺水库拦河闸

三、水力自控翻板闸

水力自控翻板闸门是利用水力和闸门重量相互制衡，通过增设阻尼反馈系统来达到调控水位的目的。滚轮连杆式翻板闸门是一种双支点带连杆的闸门，由面板、支腿、支墩、滚轮及连杆等部件组成，根据闸门水位的变化，依靠水力作用自动控制闸门的开启和关闭。在任何一个开度均能保持力矩平衡，实现随水位变化而闸门渐开、渐闭。坝高一般可达到 4m，长度不受限制。

优点是几乎不缩窄河床，同时具有从闸门上面、下面同时过水的特点，省去了启闭设备和机架桥，能根据上游水位自动调节，运行管理方便、造价不高且维护费较省，因而在防洪、发电、灌溉、航运、引水工程和水景观工程中都有广泛的应用，施工较为方便，工期较短。

缺点是闸板翻落运行稳定性较差，翻板闸在泄洪时有一定的水平夹角，阻水断面相对较大，易被漂浮物卡塞或上游泥砂淤积，造成不能自动翻板而影响防洪安全。禁不住大洪水的冲击，易被洪水冲毁，全国每年都有大批翻板门被洪水冲毁。洪水过后，翻板门再关上时易被异物卡住造成大量漏水，无法正常蓄水，进行人工清理费时费力。上游漂浮物无法清理，使河道脏乱。

多泥沙、比降陡、流速大、多漂浮物的河流，以及管理水平低的情况下，需慎用水力自控翻板闸。图3-3为喀左县南哨水力自控翻板闸、图3-4为2013年"8·16"洪水冲毁的清原县下寨子翻板闸。

图3-3　喀左县南哨水力自控翻板闸　　　　图3-4　2013年"8·16"洪水冲毁的
　　　　　　　　　　　　　　　　　　　　　　清原县下寨子翻板闸

四、液压控制翻板闸

液压控制翻板闸门，包括闸底板、翻板闸门、闸门转动铰、闸门支墩、液压驱动油缸、油缸与闸门的活动铰、油缸与支座的固定铰，其特征是具有一可绕支墩翻转的水力自动控制闸门，闸门下游侧装一液压驱动的油缸，油缸的一端通过固定铰固定于支座上，油缸的另一端通过活动铰固定于闸门上。

液压控制翻板闸的优点是：①开关控制系统。在任何水位下均能够安全开启和关闭，以及在未开动液压系统前提下，达到相应水位后仍能进行正常开启和关闭；在闸门运行时既能在水力及自重作用下平稳开关，也可借助液控同步启动系统随意开启或关闭闸门。②液压控制系统。液压缸具有减振作用，可以有效消除翻板闸门运行过程中拍打、失稳；解决了因杂物卡住而造成的漏水、维修以及清淤等难题。③整体运行性能安全可靠。自身安全性高，便于管理，使用寿命长，投资成本低。④经济效益显著。缺点是阻水断面相对较大，对泄洪有一定的影响；比降陡、流速大、漂浮物多，以及管理水平低的情况下需慎用。典型液压控制翻板闸如图 3-5 所示。

图 3-5 液压控制翻板闸

五、普通橡胶坝

普通橡胶坝由高强度的织物合成纤维受力骨架与合成橡胶构成，锚固在基础底板上，形成密封袋形，充入水或气，形成坝体。橡胶坝适用于低水头、大跨度的闸坝工程，主要用于灌溉、防洪和改善环境。坝高最高达到 4m。

优点是阻水较小，过水能力较大，整体止水效果好。施工简单、快捷、方便，不需大量浇筑闸墩及上部结构，节省三材，造价合理，抗震性能好，橡胶坝色泽艳丽，外形美观。

缺点是安全可靠性较差，坍坝时间长，洪水暴涨来不及坍坝易被洪水冲毁。坝袋耐久性较差，容易老化，使用寿命短，国产气袋一般寿命 10~15 年。增加泵房、机电设备等。需要专门的充水（气）设备与管理人员，运行费用较高。抗冲击能力和抗磨损能力较差，运行中坝袋容易被漂浮物损坏。充水式橡胶坝冬季冰冻容易损坏坝袋，充气式橡胶坝不能调节坝高，不易控制下泄流量，容易水流集中引起河床局部冲刷。典型普通橡胶坝如图 3-6 所示。

图 3-6　普通橡胶坝

六、书脊式橡胶坝

书脊式橡胶坝断面形状同书本，具有特殊的整体脊背结构；生产工艺要求一次成型、整体硫化；坝顶溢流时，书脊部位能挑起水流形成瀑布景观，并抵消水流引起的振动；坍坝运行时可紧贴基础底板、充分塌平。坝体外形平整、结构更简洁，不造成坝前泥沙淤积、行洪能力更高。典型书脊式橡胶坝如图 3-7 所示。

七、气动盾形闸门（气盾坝）

气动盾形闸门（气盾坝）采用充气橡胶坝袋作为支撑，利用带肋钢板挡水和溢

图 3-7 书脊式橡胶坝

流。坝高可达到 10m，坝长没有特殊限制。

优点是防洪安全性高，在失去电源动力时，可以通过手动装置排除坝袋内气体坍坝泄洪，可省去备用电源。彻底克服了传统充气橡胶坝不能调节坝高，沙石及漂浮物对橡胶坝袋的损伤等各种弊端，运行更加安全。耐久性好，气袋可用 30 年以上。可任意调节坝高和流量，泄流能力大，坝顶溢流，自动控制河水位，水面漂浮物能及时排泄出去，外形美观，景观效果好。

缺点是增加管理房和机电设备等。需要专门的充气设备与管理人员。采用进口气袋时造价稍高。

目前，4m 高以下气袋已经实现国产化，国产气袋价格已经大幅度下降。典型气动盾形闸门（气盾坝）如图 3-8 所示。

图 3-8 气动盾形闸门（气盾坝）

八、集成液压式底轴翻转钢坝闸

集成液压式底轴翻转钢坝闸采用液压集成式启闭机，底轴翻转倒伏式钢闸门。最大坝高达 5m，坝长超过 70m。

优点是泄流能力大，闸顶溢流，自动控制河水位，启闭机体积小，外形美观。使用寿命可达 15~30 年，洪水不易造成损坏，闸门的运转件采用特殊复合材料，在水下运行若干年无需加润滑油，也不会锈蚀。闸门运行速度可达 1~2m/min，一般工程不超过 2min 即可完成升坝和坍坝，可保证突发洪水时能及时泄洪。钢闸坝采用机械锁定，当坍坝、升坝和调节水位时任意角度都可锁定，不会发生移动。没有底门槽和侧门槽，门叶围绕底轴心旋转，上游止水压在圆轴上，当坝竖起或倒下时，止水不离圆轴的表面，始终保持密封止水状态；侧面止水同样的原理，止水面始终不离开侧胸墙（不锈钢埋件或大理石），故淤沙（泥）不会影响钢坝的升坝和坍坝。钢坝是围绕底轴向下游倾倒，故坍坝时淤积的泥沙被水流冲向下游，不会形成阻塞。

缺点是液压机不能水淹，建成后需要专人进行运行、检查及维护。对地基沉降非常敏感。底轴检修复杂，造价稍高。较大河流使用需专门研究。集成液压式底轴翻转钢坝闸如图 3-9 所示。

图 3-9　集成液压式底轴翻转钢坝闸

九、液压升降坝

液压升降坝由弧形钢筋混凝土面板、H 形活动双杆坝后支撑、液压缸和液压泵站组成。液压升降坝采用一排液压缸直顶以底部为轴的活动拦水坝面的背部，采用一排滑动支撑杆支撑活动坝面的背面，构成稳定的支撑墩坝，采用联动钢绞线带动定位销，形成支撑墩坝固定和活动的相互交换，实现升坝拦水，降坝行洪的目的。

优点是泄流能力大，闸顶溢流，自动控制河水位，水面漂浮物能及时排泄出去，坍坝迅速，确保汛期行洪安全。外形美观，造价适中。缺点是液压杆长期浸泡在水中容易腐蚀。泥沙进入液压杆根部，升降时使液压杆弯曲而损坏，尤其是多泥沙河流慎用。液压升降坝如图 3-10 所示。

图 3-10 液压升降坝

十、液压钢板闸（合页活动坝）

液压钢板闸（合页活动坝）由钢面板、液压支撑杆和液压泵站等组成。采用液压启闭系统直接驱动活动坝面，使其绕底轴在一定角度范围内转动，实现升坝挡水，降坝泄洪的功能。

优点是泄流能力大，闸顶溢流，自动控制河水位，水面漂浮物能及时排泄出去，外形美观，坍坝迅速，确保汛期行洪安全。缺点是液压杆长期浸泡在水中容易腐蚀。

该坝型较适合于在已有溢流坝顶加高工程，如图 3-11 所示。

图 3-11　液压钢板闸（合页活动坝）

十一、液压倒伏式钢闸门

液压倒伏式闸门是由液压集成式启闭机和倒伏式钢闸门组成。

优点是可以坝顶溢流，任意调节开度，方便调流，泄洪时闸上、闸下均过流；启闭机体积小，手电两用操作方便；设有抵抗冰压力的锁定装置，冬季不需要破冰设施，运行管理方便，且造价不高。缺点是跨径过大时，将增加钢材用量，增大投资。液压倒伏式闸门如图 3-12 所示。

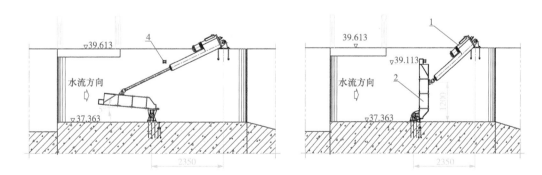

图 3-12　液压倒伏式闸门

十二、双向旋转闸坝

双向旋转闸坝由门体、支撑结构、液压启闭机等主要部分组成，门体固定在闸门两侧的支撑结构上，支撑结构与支铰固定在闸墩内。液压启闭机驱动支撑结构，带动门体旋转，实现闸门开启和关闭。门体沿水流方向一侧为圆弧面。闸门可以实现270°旋转，下卧时冲砂，泄流，通航；直立时挡水；上翻时检修。在需要的位置启用锁定机构，使液压油缸处于卸压状态，门体得到固定，以便于各种工况的运用。闸坝高可以达到15m。

主要优点包括：①泄流能力大。当遇到流量较大的洪水时，该种形式闸坝向下开启后，门体平躺于闸坝底板弧形凹槽门库内，无论是闸门体还是配套基础土建部分，都不会出现阻水现象，泄流能力大。②具有通航功能。双向旋转闸坝向下开启后，闸坝门体全部隐藏于闸底板水平线以下，恢复该河道原本通航深度。该种闸坝的宽度可以达到60m，故对一般船舶的通航没有影响。③冲砂效果好。闸坝长期挡水时，闸前容易泥沙沉积。将闸坝向上或向下局部开启，闸坝底部水流将淤积泥沙冲向下游，冲砂效果好。④检修维护方便。双向旋转闸坝可以用自身启闭设备将闸坝体翻起离开水面，所有启闭设备、运转件都不在水中。无论更换橡皮及重新防腐等检修工作都无需使用检修闸门或围堰，方便、安全、节约。⑤景观效果好。双向旋转闸坝启闭设备适当隐蔽，闸坝体以上无附属设施，若多孔连跨可在中墩上根据当地风情适当装潢，具有较好的景观效果。

主要缺点包括：①液压缸同步要求高；②因启闭设备原因，中墩较厚。双向旋转闸坝如图3-13所示。

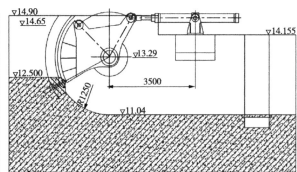

图3-13 双向旋转闸坝

十三、各种型式闸门方案比较

从泄洪安全角度来看，橡胶坝、气盾坝、底轴翻转钢坝闸、液压升降坝、液压钢板闸、液压倒伏式闸门、双向旋转坝等闸坝较好，均不影响河道行洪，传统平板闸门次之，翻板闸在泄洪时有一定的水平夹角，阻水断面相对较大，对行洪较不利，实体堰坝对泄洪安全影响最大。

从水闸自身安全角度来看，传统平板闸门、气盾坝、底轴翻转钢坝闸、液压升降坝、液压钢板闸、液压倒伏式闸门、双向旋转坝等闸坝较好，橡胶坝与水力自控翻板闸稍差。

从运行管理角度来看，实体堰坝无需专人管理，运行最为方便。水力自控翻板闸无需长期专人管理，运行较为方便。传统平板闸门当采用手动螺杆启闭机时，运行管理也较方便。橡胶坝、气盾坝、底轴翻转钢坝闸、液压升降坝、液压钢板闸、液压倒伏式闸门、双向旋转坝等闸坝一般，建成后均需专人进行运行、检查及维护。橡胶坝不仅建成后需专人进行运行、检查及维护，且耐久性差，易于损坏，调度运用不灵活。

从景观效果来看，传统平板闸门上部结构较高，影响景观效果。水力自控翻板闸一般。实体堰坝、气盾坝、底轴翻转钢坝闸、液压升降坝、液压钢板闸、液压倒伏式闸门、双向旋转坝等闸坝景观效果较好。

从工程投资角度来看，在同等闸长、闸高条件下，实体堰坝、橡胶坝、水力自控翻板闸以及液压升降坝投资相对较低，液压钢板闸、液压倒伏式闸门一般，传统平板闸、气盾坝、底轴翻转钢坝闸、双向旋转坝等闸坝投资较高。

各种闸门型式的方案比较见表3-1。

表3-1 **各种闸坝性能比较表**

坝型	成本	使用寿命	泄洪安全	自身安全	运行管理	外观
实体堰坝	较低	30年以上	最差	较好	最方便	较好
传统平板闸	较高	20~30年	一般	较好	较方便	较差
橡胶坝	较低	10~15年	较好	较差	不方便	较好

坝型	成本	使用寿命	泄洪安全	自身安全	运行管理	外观
翻板闸	较低	10~20 年	较差	较差	较方便	一般
钢坝闸	较高	20~30 年	较好	较好	一般	较好
气盾坝	较高	30 年以上	较好	较好	一般	较好
液压升降坝	较低	10~20 年	较好	较好	一般	较好
液压钢板闸	一般	15~30 年	较好	较好	一般	较好
液压倒伏式钢闸门	一般	20~30 年	较好	较好	一般	较好
双向旋转闸坝	较高	20~30 年	较好	较好	一般	较好

4

CHAPTER 4

第四章
冲填砂浆结石技术在河道治理与生态修复中的应用

第一节

冲填砂浆结石技术

一、冲填砂浆结石技术简述

冲填砂浆结石（简称 JCRY）技术是将现场搅拌的水泥浆经特制浆砂混合器进行两次浆砂混合形成的砂浆，直接冲填到堆石体中，形成以堆石为骨架，以砂浆为胶结的结石体的一种施工新技术。自从 1997 年采用浆冲砂成功解决西藏聂荣水电站大坝渗漏，经过系统的室内外试验研究，形成了较为完善的冲填砂浆结石技术体系，并在多项工程中使用，获得了理想的效果。对常规结石技术进行如下分析：

（1）浆砌石。由人工坐浆砌筑，对石料要求高，施工机械化程度低，人力资源投入大，建设速度慢，随人工价格的提高工程造价越来越高。

（2）常规混凝土。拌和楼集中搅拌，由运输设备运至浇筑仓面，振捣密实成结石体。常规混凝土骨料加工复杂，成本高；投入各种机械设备多，受设备因素影响大；一次浇筑体积小，建设速度受控因素多；工程质量受温度等因素影响控制难度大；建筑物综合造价高。

（3）碾压混凝土。拌和楼集中搅拌，由运输设备运至浇筑仓面，摊平碾压密实成结石体，基本特点除填筑方法与常规混凝土不同外，其他方面基本相似。一是大型特殊机械设备投入大；二是建设速度受建筑物结构及设备投入量等因素影响，速度略快于常规混凝土；三是造价虽可略低于常规混凝土，但材料和专用设备价格决定了综合造价仍然较高。

（4）堆石混凝土。是由高坍落度具有一定流态的混凝土自由冲填薄层堆石料而形成的结石体，对石料要求严格，设备和人力资源投入量均较大，混凝土拌制需加入特种外加剂，并有严格的坍落度要求，冲填层厚受限制，施工速度难以提高，结石体自身密度低，建筑物综合成本接近于常规混凝土。

JCRY 是一项全新的工艺方法，流态砂在高速水泥浆冲击下，并经混合器充分混合后，砂料被水泥浆充分包裹，砂浆流动特性在短历时内保持了水泥零水化时的易流动特点，摩擦阻力很小，易于流进堆石体的孔隙中。传统的低速搅拌，存在的水泥团粒结构，降低了混凝土的强度；从加水开始，经拌和、运输、浇筑振捣完成，是混凝土从流态向流塑和固态转变，并被振捣唤醒液化成流态的过程，这一过程也降低了混凝土的强度。采用高速制浆机高速旋转水流搅拌水泥浆，消除了水泥团粒结构；浆砂混合器现场瞬间完成了浆砂混合及砂浆冲填，避免了混凝土唤醒过程，减少了混凝土强度的降低，充分发挥了水泥应有的作用。

JCRY 技术是继浆砌石结石技术和混凝土结石技术之后的砂浆结石新技术，与浆砌石、混凝土结石技术比较，具有质量好、速度快、造价低、经久耐用、工艺简单、节能环保、充分使用地材等优势，将在大体积结构中替代传统人工砌筑浆砌石和混凝土结石技术，彻底终结了大体积混凝土的温控防裂难题，是大体积土木工程结构施工技术的一次开创性新突破。

JCRY 技术完善了以水泥为胶凝材料的结石体四大体系，即水泥砂浆结石体系、浆砌石结石体系、混凝土结石体系以及 JCRY 结石体系。水泥砂浆结石技术是一个重要的辅助体系；浆砌石结石技术适用于无法使用机械设备的偏僻地方或狭窄空间的小型结构上；混凝土结石技术适用于板梁柱等小断面结构、JCRY 技术适用于大体积结构。

辽宁省地方标准《冲填砂浆结石技术导则》（DB21/T 2921—2018）于 2018 年 1 月 22 日由辽宁省质量技术监督局发布，2018 年 2 月 22 日实施。冲填砂浆结石技术于 2013 年列入水利部《2013 年水利先进实用技术重点推广指导目录》，编号 TZ2013011，并于 2020 年 3 月列入辽宁省水利厅《辽宁省河道综合治理与生态修复支撑技术（第一批）指导目录》。

二、冲填砂浆结石体技术参数及指标

1. 冲填砂浆结石体渗透系数

冲填砂浆结石体由于工艺特点，具有很好的自身防渗性能，冲填砂浆结石体渗透系数可达到 $1 \times 10^{-8} \sim 1 \times 10^{-6}$ cm/s。

2. 冲填砂浆结石体容重

堆石体经简单压实后，一般孔隙率在 30% 左右，结石体容重可达到 23~25kN/m³。

3. 冲填砂浆结石体抗压强度和抗剪强度

冲填砂浆结石体是以经过简单压实而形成的堆石料为主要受力体，石料形成骨架支撑，冲填砂浆在孔隙中形成对骨料的固结作用，因此，冲填砂浆结石体的抗压强度是由石料骨架和胶凝的砂浆综合作用形成。石料骨架承担主要的传力作用，胶凝砂浆约束堆石体并承担小部分的传力作用。结石体总体抗压和抗剪强度优于混凝土。

三、JCRY 主要工艺方法

1. 堆石体表面定型及处理

堆石体是由堆石料无序摊平压实形成的，所以需要对堆石体进行边界固型。体积较大的拦河建筑物可采用六棱形埋石混凝土预制块边界固型，河道护岸工程地面以下部位可以采用铺土工膜或防水编制土工布等材料挡土封浆，地面以上部位可以采用混凝土锚喷进行封浆固型。

2. 堆石体填筑

堆石体填筑料可用自卸汽车或其他的运输工具，从石料场运料直接入仓填筑，并用挖掘机或其他设备摊平压实及表面整形。

3. 冲填砂浆作业

（1）制浆。采用特制高速搅浆机进行水泥浆制备。一般水泥浆水灰比控制在 1∶1~0.5∶1，浆液中可根据需要加入适量的外加剂或掺合料，合理的水灰比需在试验中确定。制备好的水泥浆经管道泵送至浆砂混合器。

（2）砂料传送。砂料由皮带传输机均匀地、有计量地传送至特制浆砂混合器上方。

（3）浆砂混合。经一次浆砂混合、二次浆砂混合，进入泵车或地泵料斗。一般灰砂比控制在 1：3~1：5 之间，合适的灰砂比由试验确定，不同部位灰砂比可根据各部位需要进行适当调整。

（4）冲填砂浆作业。采用泵车或地泵将混拌好的砂浆冲填至仓面中已填筑好的堆石体中，形成冲填砂浆结石体。

四、JCRY 优越性分析

1. 工艺流程简单

JCRY 施工主要程序为：①填筑面清理；②堆石体填筑；③冲填砂浆。由此可看出，冲填砂浆结石技术工艺简单且施工设备多采用普通的常用设备，易于各层级的施工企业掌握，有利于快速、大范围普及推广。

2. 资源消耗少、相对节能环保

JCRY 工艺简单，人工投入量可大幅度降低。除高速搅浆机及浆砂混合器需采用专用设备外，其余施工机械设备均可在常规使用的设备中选取。石料运输及入仓采用普通自卸汽车；结石体表面预制块固型处理可采用普通吊车施工；堆石体摊平可采用挖掘机施工；砂浆入仓采用泵车或地泵。投入的设备品种少、数量少，减少了施工耗电、耗油，极大地减少了资源消耗量。JCRY 技术水泥用量少，不需要采取特殊的温控防裂措施，可节约大量的油耗和电力。施工中不需要混凝土专用骨料筛分场、混凝土搅拌站等临时施工场所，可节省大量的临时施工用地，减少对自然环境的破坏。

3. 建设速度快

JCRY 技术施工过程中，各工序可独立进行，分别施工，也可循环作业，平行施工。建筑物边界固型（外壳预制块砌筑）、石料填筑、冲填砂浆三个工序相互干扰少。根据具体工程需要，可采用多个冲填系统同时进行施工作业。每个冲填系统内浆液搅拌、输送、冲填等各个环节连续作业。施工速度可达到混凝土施工速度的几倍甚至十几倍。

4. 综合造价低

JCRY 综合单价主要由材料、设备和人力投入构成。首先，材料中影响较大的是水泥，但水泥价格变动区间小，同体积的建筑物采用冲填砂浆结石技术对水泥的需求量要比其他方法少，可节省水泥用量。其次，节省石料成本，冲填砂浆结石体中堆石料不需要特殊加工，自然级配即可，要求较低，相应价格要低于混凝土中骨料价格和浆砌石的石料价格。最后，不需要大型专用设备，常规设备即可满足施工要求。虽需要专用浆砂混合器，但其造价远低于混凝土或碾压混凝土的大型专用设备，并且设备品种和数量相对较少，设备投入成本比用其他方法建设同体积建筑物的设备投入成本有较大幅度的降低。其综合造价相当于各种混凝土的 1/3~2/3。

5. 保证工程质量与耐久性

传统浆砌石，要求人工坐浆砌筑石料，对石料形状尺寸要求高，且施工质量不易控制，容易出现质量问题。由于砂浆不够饱满空隙较大，且砂浆与石料黏结强度较低，冬季空隙内结冰成块产生较大膨胀力，导致缝隙中砂浆脱落进而石料松动，导致浆砌石结构破坏。

JCRY 技术完全克服了传统浆砌石对石料形状尺寸要求高，且施工质量不易控制的问题。冲填砂浆结石体具有很好的密实性和整体性，且砂浆与混凝土黏结强度高，其冻融破坏型式类似于混凝土，由表及里，从砂浆表面开始剥蚀，逐渐向内部侵蚀。一般情况下堆石体孔隙率在 30% 左右，即石料占 70% 体积，砂浆仅占 30% 体积，砂浆饱满密实，结石体渗透系数可达到 $1 \times 10^{-8}~1 \times 10^{-6}$cm/s，由于石料体积占比大、砂浆饱满密实、砂浆与石料黏结强度高，砂浆受到石料的嵌固作用，剥蚀深度有限，具有更好的抗冻融破坏能力，完全避免了传统浆砌石因冻胀引起缝隙中砂浆脱落，甚至整块石块脱落的结构破坏型式发生，也不同于混凝土因冻融引起表面大面积剥蚀露骨料逐渐向内部侵蚀的结构破坏型式。

冲填砂浆结石体抗压和抗剪强度介于石料和砂浆强度之间，由于石料约占 70% 体积，且由于石料的骨架作用，结石体总体抗压和抗剪强度优于混凝土。

JCRY 技术可以保证工程质量与耐久性。

6. 生态景观效果好

采用 JCRY 技术建造河道护岸、拦水堰或谷坊，充分利用山区河道内景观卵石等当地天然材料，露出河床部位，表面景石出露，与绿水青山自然生态环境相协调。如本溪大冰沟景区拦水堰（见图 4-1），采用天然景石砌筑而成，其自然生态效果及与周边环境协调。天然大卵石抗冲刷、抗冻融性能均优于混凝土。

图 4-1　本溪市南芬区大冰沟景区砌石拦水堰

采用混凝土建造河道护岸、拦水堰或谷坊，混凝土材料本身及其结构型式缺少自然生态效果，与工程区周边自然环境协调性较差。拦水堰或谷坊堰面容易因冻融、冲刷而剥蚀破损，严重影响建筑物外观形象。如桓仁小同邦水库拦水坝（见图 4-2），在冰冻和水流冲刷双重作用下，混凝土堰面台阶表面普遍剥蚀、露骨料，破损严重。

图 4-2　本溪市桓仁县小同邦水库拦水坝

五、JCRY 的应用

2014 年在本溪西湖沟河道浆砌石挡土墙加固中应用了 JCRY 技术，取得了非常好的加固效果。并于 2015 年在东港龙睛湖水坝建设中应用 JCRY 技术系统筑坝工艺，完成了龙睛湖水坝的全部建设工作。2019 年通过在赤峰市碾子沟塘坝工程中的应用，完成了高速搅浆、浆砂混合、皮带输砂准确计量浆砂比例、泵车砂浆入仓等关键环节突破，该技术已经成熟。2020 年 7 月，暴雨冲刷造成公台子水库溢洪道底板基础掏空形成险情，采用 JCRY 技术，快速完成基础回填，解除险情。

第二节

JCRY 技术在河道治理与生态修复中的应用

一、JCRY 护脚 + 预制混凝土六棱块直立挡墙型式河道护岸

JCRY 护脚 + 预制混凝土六棱块直立挡墙型式河道护岸，具有施工快捷、造价节省、减少占地、外形美观、绿色生态、抗冲能力强等优势。JCRY 护脚 + 预制混凝土六棱块直立挡墙型式河道护岸如图 4-3 所示。

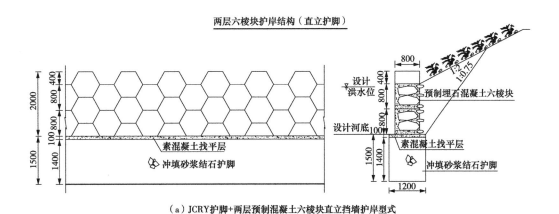

（a）JCRY 护脚+两层预制混凝土六棱块直立挡墙护岸型式

图 4-3　JCRY 护脚 + 预制混凝土六棱块直立挡墙型式河道护岸（一）

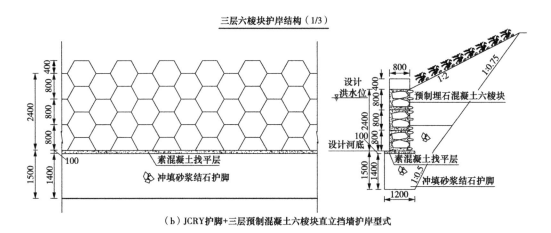

（b）JCRY护脚+三层预制混凝土六棱块直立挡墙护岸型式

图4-3 JCRY护脚 + 预制混凝土六棱块直立挡墙型式河道护岸（二）

二、JCRY 护脚 + 绿滨垫护坡型式河道护岸

采用 JCRY 护脚 + 绿滨垫护坡型式护岸，具有施工快捷、造价节省、生态绿化、抗冲能力强等优势。JCRY 护脚 + 绿滨垫护坡型式河道护岸如图 4-4 所示。

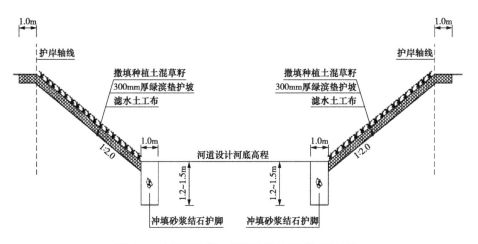

图4-4 JCRY 护脚 + 绿滨垫护坡型式河道护岸

三、JCRY 护脚 + 格宾石笼挡墙型式河道护岸

采用 JCRY 护脚 + 格宾石笼挡墙型式河道护岸，具有施工快捷、造价节省、减少

占地、外形美观、绿色生态、抗冲能力强等优势。JCRY 护脚 + 格宾石笼挡墙型式河道护岸如图 4-5 所示。

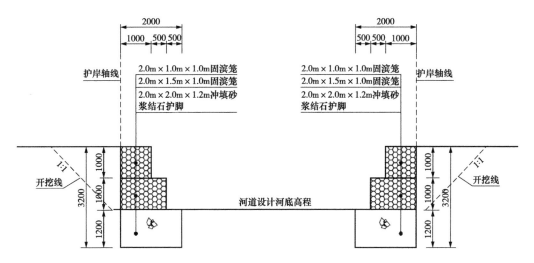

图 4-5　JCRY 护脚 + 格宾石笼挡墙型式河道护岸（单位：mm）

四、JCRY 坡式河道护岸

贴坡式护脚护坡，坡比 1∶1~1∶1.5，基础埋深 1.5m。基础开挖后，回填毛石，外坡采用反铲整形，表面铺防水布挡土封浆，回填开挖料，自上游向下游，边排水边冲填砂浆。待砂浆凝固后，进行表面自然生态效果处理。JCRY 坡式河道护岸如图 4-6 所示。

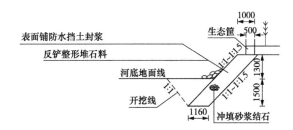

图 4-6　JCRY 坡式河道护岸（单位：mm）

五、JCRY 护脚加固老墙河道护岸

一般原墙基础埋深较浅，为使护脚深度大于河床冲刷深度，并确保原挡墙稳定性，可采用斜坡式护脚，坡比为 1∶1~1∶1.5。基础开挖后，回填毛石，外坡采用反铲整形，铺防水布并回填开挖料，自上游向下游，边排水边冲填砂浆。待砂浆凝固后，进行表面自然生态效果处理。JCRY 护脚加固老墙河道护岸如图 4-7 所示。

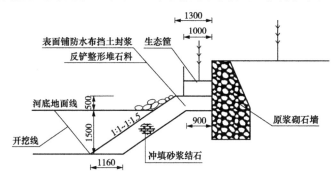

图 4-7 JCRY 护脚加固老墙河道护岸（单位：mm）

六、JCRY 拦水堰

堰体内部抛填毛石，堰体表面摆砌景石（必要时景石内设置锚筋），内部冲填砂浆，表面景石缝隙中 5~10cm 范围内无需冲填砂浆。景石尺寸不小于 30cm，并尽可能采用大尺寸景石。上游铺盖采用 50cm 厚干砌石，下游护坦采用 50cm 厚干砌景石石笼。JCRY 拦水堰如图 4-8 所示。

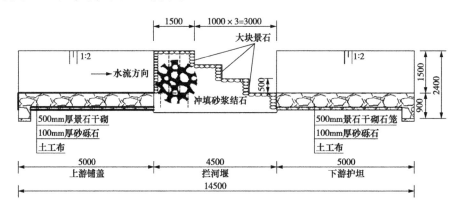

图 4-8 JCRY 拦水堰（单位：mm）

七、JCRY 谷坊（塘坝）

堰体内部抛填毛石，堰体表面摆砌景石（必要时景石内设置锚筋），内部冲填砂浆，表面景石缝隙中 5~10cm 范围内无需冲填砂浆。景石尺寸不小于 30cm，并尽可能采用大尺寸景石。堰体建基面为块状强风化岩石。下游消力池池底表面为景石、内部毛石的冲填砂浆结石体，四周为埋石混凝土预制六棱块，下游齿坎呈锯齿状。尾坎后堆砌大景石。JCRY 谷坊（塘坝）如图 4-9 所示。

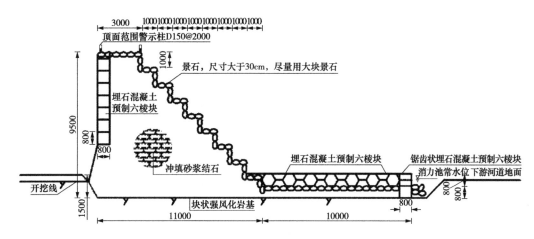

图 4-9　JCRY 谷坊（塘坝）（单位：mm）

第五章
浑河下伯官气盾坝工程

一、工程概况

浑河沈抚新区下伯官气盾坝，位于沈阳市与抚顺市两城交界处浑河干流上，是一座具有防洪、灌溉、调蓄、发电、供水和旅游开发等多功能的水利枢纽工程。下伯官坝规模为中型，工程等别为三等，主要建筑物级别为3级。防洪标准为20年一遇洪水设计，设计水位为57.95m；100年一遇洪水校核，校核洪水位为58.67m。

本工程于2020年9月6日开工，2022年8月20日完工。

二、工程布置

气盾坝总坝长411m，共4跨，每跨净宽102m，共3个中墩，中墩宽1.0m，泄洪净宽408m。沿坝轴线从左至右依次为左岸边墩、气盾坝、右岸扶壁式翼墙，控制管理房位于右岸。上游至下游依次为固滨笼护底、混凝土铺盖、混凝土底板、混凝土消力池、固滨笼海漫、抛石防冲槽。

气盾坝底板高程53.5m，边墙顶59.2m，坝升起时顶高程57.0m。底板混凝土顺水流方向长12.0m，底板厚2.0m。底板前设有10.00m长、0.50m厚钢筋混凝土铺盖。闸后设28m长挖深式消力池，池深1.5m，底板厚0.60m。消力池后接40.00m长、0.5m厚格固滨笼海漫，海漫后布置14.15m长抛石防冲槽，防冲槽深1.5m。

气盾坝高度为3.5m，支承结构采用单气囊支承，每个气囊长度10m，每孔共10个气囊，共计40个气囊。金属闸门（40组），每组长10.2m。

三、气盾坝与传统闸坝型式的比较优势及其应用优势

气盾坝是由橡胶气囊作为支撑，迎水面采用金属板制作挡水板，通过 PLC 控制空气压缩机、冷干机、储气罐、汇流排等组成的动力系统对橡胶气囊充气排气，实现挡水及泄水的一种新型挡水建筑物。

（一）气盾坝结构及运行原理

1. 气盾坝结构特点

气盾坝是由一组盾板、一组气囊、一排基础锚固螺栓、一套气动充排系统组成的新型蓄水坝。其中：钢盾板提供正面蓄水，具有充涨功能的气囊提供对蓄水盾板的支撑，基础锚固螺栓和软连接构筑坝的整体结构，充排系统提供运行动力，实现升坝和降坝。最大坝高达到 10m。

2. 运行原理

（1）蓄水运行时，支撑气囊隐藏在盾板之后，水流和漂浮物越盾板而过，支撑气囊和附属系统不受冲刷。

（2）降坝泄洪时，盾板将气囊完全覆盖，气囊与流水、沙石、冰凌完全隔开，气囊也不因流水的拍打、震动产生磨损，气囊处于更安全的保护环境。

（二）气盾坝与传统闸坝型式的比较优势

1. 结构简单、施工安装工期短

（1）气盾坝工程没有工作墩和工作桥，没有支墩、隔墩，基础结构简洁，设计简易。

（2）气盾坝采用了模块化的结构，现场安装作业不需要大型吊装机具，不需要大批安装人员，安装工期短。

2. 气盾坝的运行安全、可靠、可控

（1）气盾坝刚柔相济的结构，能最大限度地克服各种水环境的影响。

（2）气盾坝无需充水橡胶坝的强排系统，无液压翻板坝的液压充排系统，无因断电造成坝袋坍落不下或坍落不充分的危险。气盾坝设手动排气阀，手动和电动都可

以排出压缩空气,实现顺利泄洪。特别是洪汛期间,在无法正常供电或意外断电时,仍可随时手动降坝、安全泄洪,运行安全具备最可靠的保障。

3. 清污、排淤能力更强,运行管理简单

(1)气盾坝运行故障少,无需经常涉水进行维修、维护。

(2)气盾坝具有更强的清污、排淤能力:降坝行洪时,盾板可与基础或河床底面平齐,不阻水,一般可实现充分排淤;通过快速降坝,提高下泄水流速度,也可加大排砂、排淤能力。因此,管理简单,作业人员的安全保障程度更高。

4. 蓄水和过水能力提高

气盾坝实际应用的蓄水高度已达10.0m,远远超出了橡胶坝、翻板闸设计高度的限制。气盾坝在汛期全坝运行的实际坝顶过水高度超过1.0m,半坝运行的实际坝顶过水高度可以再提高。突破了橡胶坝、液压钢板闸规定的允许范围。

5. 使用寿命更长

气盾坝在运行和塌落过程中,气囊都处于钢盾板的保护状态,避免或降低了日光紫外线的直接照射,耐老化能力提高,使用寿命长达30年以上。

6. 适应范围更广

(1)适应更加宽泛的环境,避免其他型式闸坝的缺点。如:钢闸门不适应漂浮物和滚石夹杂多的河流,混凝土翻板闸不适应洪汛频繁、流速急、漂浮物和滚石夹杂多的流域,橡胶坝不适应洪汛频繁、流速急、流量变化大、漂浮物和滚石夹杂多、洪汛、凌汛频繁的河流。

(2)气盾坝可以采用植筋技术,在原有橡胶坝、混凝土翻板闸基础上直接改造,也可以在原混凝土坝的基础上直接加高。由此,大幅度降低改造工程造价。

(3)气盾坝在冬季运行时可进行分次破冰,特别在初春凌汛期也能正常运行,具有特殊的抗冰封、破凌汛能力,实现其他坝型无法具备的运行能力。因此,也特别适用于高寒地区。

7. 抗震能力强,对基础的适应性强

(1)气盾坝盾板与基础底板的柔性连接结构,决定其受地震的影响小,抗震能力强。

(2)气盾坝盾板与盾板间的软连接决定其在运行中不会因基础变形,能够承受底板沉陷而不受损坏,造成系统失控和丧失运行能力。

（3）气盾坝盾板与基础底板的橡胶止水结构，决定其止水效果良好。

（4）气盾坝没有刚性、配合精密的机械运转系统，运行中不存在因机械变形造成失控的风险，降低了可变运行费用成本。

（三）气盾坝应用优势

气盾坝集合了橡胶坝和钢板闸优势于一体，并克服了两者薄弱的环节，在洪水期坍坝、立坝速度快，运行维修方便，造型美观，具有更广泛的应用领域。

1. 坝体自身安全性能大幅度提高

（1）不再惧怕漂浮物穿刺、划伤，迎水面由盾板支撑，两种运行状态下，气囊均处于盾板的保护。

（2）不再因坝体的振动，产生与岸墙之间的摩擦，造成坝袋的磨损。

（3）支撑气囊的承载压力为 $7kg/cm^2$（设计的安全压力）；正常运行的工作压力为 $0.7\sim1.0kg/cm^2$，设计安全系数为 10 倍（支撑气囊的承载压力相当于大型工程车轮胎的承载压力，是橡胶坝的 8~10 倍）。

2. 气盾坝相较其他坝型其行洪能力大幅提高

（1）盾板和气囊可以充分倒伏，并完全可以做到与河床底板平齐，故行洪特别充分。

（2）气盾坝工程的基础底板之上没有任何阻水构筑物，能够保持河道断面的最大宽度，不增加河道阻水。

3. 气盾坝的充排时间短

气盾坝的充排时间短，一般在 20~30min 内可完成充坝或降坝，能够及时避开洪峰的威胁。

4. 运行维护容易、运行费用低

（1）气盾坝无液压钢板闸的漏油的维修，不需要经常性的维修保养，维护费用低。

（2）气盾坝运行时不会被树枝、滚石卡住。无液压钢板闸、翻板闸坝运行过程中清理卡挂物的大量工作，运行费用大大降低（盾板连成整体，同步升降运行，基础之上没有支墩等构筑物）。

5. 有稳定维持高水位运行的能力

（1）气盾坝的结构决定其过水高度可调，其中，高水位运行由限位带控制，其他水位的运行可通过气囊压力进行调节。

（2）气盾坝过水高度连续可调，是指保持最高过水水位不变或稳定的状态下的连续可调，而不是洪水来了一放到底的可调。其他坝型（如钢坝闸、橡胶坝、液压翻板坝）的泄洪都会造成行洪水位的大起大落。因此，气盾坝具有稳定维持高水位运行的能力，能够大量减少汛期弃水，有效延长电站运行周期，提高发电能力和发电效率。

6. 气盾坝应用于生态、景观工程方面的特殊优势

（1）气盾坝基础底板的高度可以降低至河床底板平齐，除提高行洪能力，不影响行洪、通航安全外，还可提高生物、鱼类的通过能力，因此，气盾坝是符合生态水利的要求的，项目的环保可行性充分。

（2）气盾坝是不使用任何污染物的环保的坝型，其运行的动力传递介质采用洁净的压缩空气，杜绝可能对水体造成二次污染的液压油、润滑油等的使用。

（3）气盾坝是具备搭载多项生态功能的坝型。气盾坝具备直接搭载通航船闸的功能；具备直接搭载生物通道（鱼道）的能力；具备在坝体上直接开设生态流量通道或窗口的能力；具备将船闸、生物通道（鱼道）、生态流量三位一体化的生态功能。

（4）气盾坝具备解决坝前底层水体不流动和泥沙沉降造成的缺氧、水质恶化的能力。

（5）气盾坝在溢流时具有更好的挑流效果，能形成更为美丽、壮观的瀑布景观，可以为城市、景区等增添亮丽的风景。

（6）气盾坝可根据需要在坝体背部设计不同的花痕和颜色，景观效果更佳。

总而言之，气盾坝吸收了传统活动坝型之精华，摒弃了传统活动坝型之不足，表现出优势特点是结构简单、运行可控、运行灵活、安全可靠。

由于气盾坝不受地理气候条件限制，环境适用性强，可广泛用于城市防洪、环境美化、蓄水灌溉、水力发电、旅游景区、治污工程、水产养殖等所有涉水工程。特别是洪水暴涨暴落，漂浮物和滚石、泥沙夹杂多，供电、交通不便的山溪性河道。

四、气盾坝与橡胶坝比较

（一）橡胶坝结构及运行原理

橡胶坝由高强度的织物合成纤维受力骨架与合成橡胶构成，锚固在基础底板上，

形成密封袋形，充入水或气，形成坝体。水坝的充排时间要长于充气坝。橡胶坝是呈封闭状态的，在使用时可以根据水位的高低充放水（气），对它的高度进行调节，以达到控制水位的效果。橡胶坝适用于低水头、大跨度的闸坝工程，主要用于灌溉、防洪和改善环境。最大坝高达到 4m。

（二）气盾坝与橡胶坝的比较

1. 橡胶坝的使用寿命较短

橡胶坝的使用寿命（规范要求）10~15 年。大量的工程实践表明，因水环境不同，橡胶坝的使用寿命长短相差悬殊，20 世纪我国东北地区兴建的许多橡胶坝因凌汛影响，普遍达不到设计使用寿命而被拆除。南方山溪性流域由于山高、坡陡、流急，橡胶坝的使用寿命也难达到规范要求。

气盾坝气囊的设计安全使用寿命可达 30 年以上，由于气囊运行状况下有盾板的充分保护，其使用寿命还会有较大幅度延长，其使用寿命可达橡胶坝的 2~3 倍。

2. 橡胶坝易受损和需要经常性的维修

橡胶坝容易受到尖锐物体的损伤，如漂浮的竹木、船、筏等，特别是洪水过后遗留的各种残骸，诸如民用建筑材料中带铁钉、钢筋等的物体很容易对坝体的表面造成损伤。另外，橡胶坝在运行过程中受水流振动的影响会与基础和两侧岸墙发生摩擦，造成不同程度的表面磨损，需要经常性地检查和维护。

气盾坝结构和运行原理决定上述情况都不会发生。蓄水运行时，气囊隐藏在盾板之后，水流和漂浮物越盾板而过，支撑气囊和附属系统不受冲刷；降坝泄洪时，盾板将气囊完全覆盖，气囊与流水、沙石、冰凌完全隔开，也不因流水的拍打、震动产生磨损，处于更安全的保护环境。

3. 橡胶坝的运行管理要求高，运行成本高

（1）橡胶坝的升坝和降坝的时间较长：充水式橡胶坝正常充、降时间需要 3~5h。尤其是橡胶坝的坍坝，一般需配备抽水泵辅助强排，否则可能坍不下或坍不充分。而气盾坝一般不超过 40min 即可完成升坝和坍坝。因此，有充分的时间应对突发洪水及时泄洪。

（2）橡胶坝运行成本高：橡胶坝运行过程中意外损伤较频繁，小的破漏可进行简单修补，如果破、漏面积较大，修复起来比较困难，甚至有可能需要整体更换，

维修成本高。橡胶坝使用一段时间后，在坝袋上会产生附着物，用于景观的橡胶坝，为了保证美观效果，需要定期清除坝袋上端附着物，由于坝袋表面湿滑，对清理操作人员的安全防护工作要求较高。

气盾坝结构和运行原理决定上述情况都不会发生，运行过程中的管理维护工作少，早、中期内的运行维护费用极低，近乎"零"成本，即使有损坏，也只是对其中一块盾板和气囊进行维修即可，维修成本低。

4. 橡胶坝的安全可靠性远低于气盾坝

（1）橡胶坝意外损伤较频繁。橡胶坝存在意外损伤造成撕裂、破漏的可能，原因是橡胶坝袋的外表为柔性材料，缺乏必要的特别保护，故橡胶坝自身的运行可靠性较低，对管理要求较高。气盾坝气囊有盾板保护，不易受损伤。

（2）橡胶坝坝顶溢流受限。橡胶坝设计规范规定溢流不能超过 0.5m，否则易出现溃坝事件。气盾坝有效地克服了这一缺陷，全坝运行的实际坝顶过水高度超过 1.0m，半坝运行的实际坝顶过水高度可以再提高。

（3）充水橡胶坝在洪汛期和停电情况下，无法降坝和无法排空坝袋内的积水时，存在影响行洪的安全隐患。气盾坝断电的情况下可手动开启闸门实现坍坝，确保泄洪安全，运行安全具有充分优势。

（4）影响泄洪断面。橡胶坝设计规范要求坝的底坎高 20cm，坍坝时橡胶坝内的水不能完全放尽，形成不低于 20cm 的高度，即坍坝时在河流断面形成不低于 40cm 的阻水断面，影响泄洪流量。而气盾坝盾板紧贴在底板上，不阻碍过洪。

5. 气盾坝施工更容易、工期更短

气盾坝是模块设计，一般 5m 为一个单元，施工便捷、重量轻、无需大型吊装设备，工期较短。橡胶坝需要整体吊装，需要较多人力拖拽，工期相对较长。

综合上述，橡胶坝在坝型的总体布置、抗震、抗基础变形、景观效果等方面与气盾坝相近，但在防洪安全、自身安全、使用寿命、运行成本、维护管理、施工安装与工期等方面均有较大差距，由于气盾坝的诸多优势，已广泛应用于河道治理、灌区、枢纽、电站等工程，特别是在我国城市水利工程上已被广泛应用，积累了丰富的经验，技术日趋成熟。

五、下伯官气盾坝工程关键技术创新

（一）气盾坝橡胶气囊整体成型硫化罐一次硫化

气盾坝气囊硫化方式分为热合拼接式、平板硫化机无缝拼接分段硫化式、硫化罐整体成型一次硫化式。

热合拼接式是传统橡胶坝早期生产方式，该方式生产的气囊纤维是不连续的，黏接部位是橡胶受力，这种形式生产的气囊耐压低，黏合的橡胶材料容易老化。

平板硫化机气囊纤维拼接成型，平板硫化机设备 3.5m×8m（宽×长），一次整体硫化气囊尺寸不超过设备尺寸，超过该尺寸气囊为分段硫化，分段硫化设备需要预留冷端，气囊在接头处容易出现质量问题。气囊成型骨架层有搭接存在，整体厚度上有差异，交叉点的位置厚一些，有的地方薄一些，平板硫化机硫化气囊采用的是两块钢板通过液压缸驱动两块钢板压在气囊表面，容易造成局部过度受压，对骨架层纤维产生变形及损伤。气囊使用高分子材料成型，硫化过程中受热会产生低分子挥发物，超大平板硫化机会将限制在气囊本体中形成气包，使用过程中气包不断扩大形成分层现象。平板硫化机制作气囊无法做成楔形尾结构，只能采用穿孔锚固形式，穿孔锚固破坏了纤维，影响气囊的整体性，存在安全隐患。

硫化罐整体成型一次硫化，硫化罐尺寸直径 4.5m，长度 12m，纤维连续成型，一次硫化，硫化产品边角圆滑过渡，耐压好。气囊是由内层胶、纤维骨架层、外层胶组成，内层为气密层改性丁基橡胶，中间为增强纤维，外层为耐老化优异的 EPDM。气囊成型后采用特殊的高分子膜材料进行包覆，硫化时罐内加压均匀施加在气囊所有部位上保证硫化的一致及均匀性。硫化罐硫化气囊硫化过程中不断排气，同时加压可以有效避免气泡的形成。综上所述，气囊采用硫化罐法硫化优势明显。

（二）气盾坝橡胶气囊楔形锚固

气囊尾部采用楔形结构，如图 5-1 和图 5-2 所示，通过锚固上压板夹持气囊楔形结构，确保气囊主体不受损伤，保证增强纤维连续，夹持力使用中气密性良好，减少安装过程中误差对坝体使用影响。通常的气囊穿孔锚固形式如图 5-3 所示，锚固螺栓穿过气囊主体，气囊增强纤维被破坏，分析这种锚固结构受力情况，螺栓施

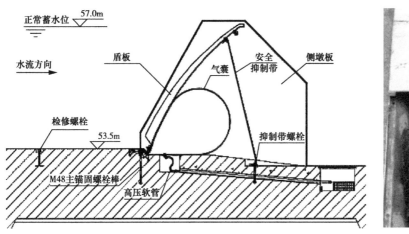

图 5-1 楔形结构

图 5-2 楔形实物

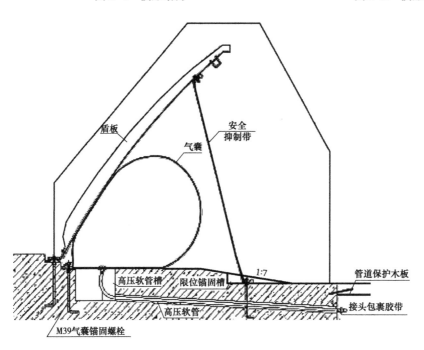

图 5-3 螺栓锚固形式

加在压板上面的力对气囊形成下压力，气囊充气时气囊挣脱力与压板下压力是垂直
状态，压板和气囊之间的静摩擦力和气囊工作时内压力是一对作用力与反作用力，
影响摩擦力大小的因素包括物体表面的粗糙度和压力，气囊制作完成后粗糙度为定
值常数，摩擦力大小决定于螺栓下压力，本项目橡胶气囊总厚度 46mm，由纤维和橡
胶复合材料组成，橡胶厚度为 20mm，《气动盾形闸门系统制造安装及验收规范》（T/

CHES 11）要求压缩永久变形小于30%，压缩永久变形量为2~6mm，穿孔锚固形式需要凭经验在负载运行一段时候后多次紧固螺栓，如果主锚固螺栓紧固周期与橡胶永久变形周期不符，下压力不足，气囊充气运行时，由于螺栓孔位置纤维是断开的，内压力实际是由该部位橡胶来承担的，橡胶强度远远低于纤维，严重时会造成气囊在螺栓孔部位撕裂，气囊漏气，影响气盾坝运行安全。

气囊制作成楔形结构，厚的一端通过主锚固压板夹持气囊，气囊增强纤维材料是整体连续，未受到损伤，气囊整体受力，气囊内压力越高，楔形结构夹持越紧，气密性越好，气囊内压力和压板前端下压力是一对作用力与反作用力，以主锚固螺栓为固定点，气囊作用在压板前沿上的力和主锚固压板后端作用在坝体基础上的力平衡，且是杠杆结构，气囊端力臂短。这种结构有效克服橡胶制品永久变形造成的影响，产生永久变形后楔形位置在气囊内压力作用下自动前移补充变形量，安全性更高。

单排楔形结构锚固形式在国内应用案例包括挡水高度8m的南明河气盾坝、挡水高度6m的洛阳气盾坝、挡水高度6m的吉林气盾坝等，均运行安全平稳，具备高水头气盾坝安全运行实际经验，是最为先进及安全的锚固形式。

（三）主锚固螺栓排预制加工、现场安装定位模具、成套安装及混凝土浇筑定位模具

1. 主锚固螺栓排预制加工、现场安装定位模具、成套安装

主锚固预埋件采用锚固排形式，如图5-4所示，在加工车间内采用激光下料，并进行安装焊接固定；在现场施工中，使用定位模具对主锚固预埋件进行二次校准及定位，如图5-5所示。多方位、多角度控制主锚固预埋件的施工误差和安装精度，从根本上解决了主锚固螺栓单只固定、工序烦琐且安装精度不高的问题。使用数显液压扳手安装主锚固螺母，根据计算数据施加预紧力，可使气盾坝在后期使用中受力更均匀，运行更稳定。预埋件采用锚固排在工厂预制形式，大大提高土建施工效率，缩短施工周期。

2. 采用混凝土浇筑定位模具

采用混凝土浇筑定位模具有利于精确控制预埋件定位精度，有利于精确完整地制作出基础混凝土形状，如图5-6~图5-8所示。解决了混凝土浇筑过程中，易受振

捣冲击、人员踩踏等多方面影响，导致螺栓位移，无法满足安装精度要求等问题。一旦出现螺栓位移，需要对主锚固螺栓进行切割，重新焊接处难以达到原设计值，焊接处在水中易受腐蚀影响，进而导致影响气盾坝使用寿命。

图 5-4　车间预安装　　　　　　　　　图 5-5　现场定位

图 5-6　现场模具定位

图 5-7　现场主锚固成型效果

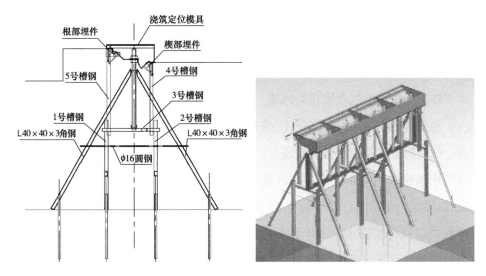

图 5-8 主锚固螺栓排安装方案示意图

（四）采用微气泡法除冰装置，保障气盾坝冬季安全运行

1. 水工建筑物防冰、除冰

浑河冬季河面每年12月中旬进入结冰期，次年3月中旬开始解冻，在3个月封冻期间，气盾坝将承受较大的冰压力。

根据《水利水电工程钢闸门设计规范》（SL 74）要求，表孔闸门不能承受静冰压力。由于本工程冬季蓄水，做好冬季闸门防冰冻工作，避免气盾坝盾板受到静冰压力及冰冻的危害，确保气盾坝冬季挡水安全。

水工建筑物防冰措施主要有：人工除冰、电加热除冰、潜水泵喷射水流除冰、气泡除冰等方式。经实际运行检验，人工除冰效果并不理想，且由于作业环境恶劣，存在人身安全重大风险。电加热除冰，需要在气盾坝前投入大功率加热器，220V 或是 380V 电缆暴露在河道中，一旦绝缘层破损且漏电保护设施损坏，将会造成极大的安全隐患；其次，电加热除冰系统效率低，需要耗费大量电能，性价比较低。潜水泵喷射水流除冰是将底层温水输送到表面，依靠水的温度和流动性，迫使表层水不结冰，同时融化浮冰。在本项目中，气盾坝挡水高度3.5m，河底水温和表层水温差别很小，融冰效果不明显，同时存在能耗高效率低的问题。气泡除冰，其技术原理是基于高压气体在水下由特制曝气头喷出形成气泡，气泡在水中快速上升扰动水流，阻止了冰核的形成，使水在较低温度下（低于 -45℃）仍不结冰。气泡除冰装置所需空气压缩机系统与气盾坝供气系统可以共用，节省设备投资。气泡除冰装置能耗低，效率高。

2. 本工程防冰、除冰

本工程采用压缩空气吹泡法防冰冻。

（1）系统组成。本系统由空气压缩机、储气罐、油水分离器、吹气单元、管路及附件、气动阀组以及控制柜等组成。

空气压缩机采用一台工作、一台备用的方式。空气压缩机使用寿命要求不低于8万h，以年运行120天计算可运行25年。一用一备配置能保证系统工作的可靠性。吹气单元可以长时间在水下工作而不需要维护，根据吹气单元的组成材料特性，在无外力破坏的条件下，可以长期使用。管路为304不锈钢材质，在无腐蚀性和外力破坏的情况下，在设备运行期内不需要更换。储气罐在设备运行期内不需要更换。防冰系统电磁阀、比例阀等采用金属密封。手动截止阀为检修期使用。以上配置可以保证防冰冻系统的可靠度。

（2）工作原理及运行效果。防冰冻装置空气压缩机及电控设备设置在控制泵房内，吹气装置布置在气盾坝盾板前，埋设在混凝土底板上。压缩空气工作路径为：空气压缩机→储气罐→主管路→支管路→吹气装置。

空气通过空气压缩机进入有压力的储气罐，经过稳压后连续稳定地输出到管路当中，经过吹气装置吹到闸门前，气泡不断上升，最后到达水面爆破，防止水面结冰。

本工程采用气泡除冰，经过两个冬季的运行检验，气泡除冰有效地防止了气盾坝坝前结冰，保障了气盾坝安全运行。

（五）气盾坝可通过 PLC 现地手动或自动操作实现开启或关闭动作，通过预留的远程控制接口实现远程控制

自动控制系统设计采用分层和分布式体系结构，整个系统分两层，分别为远程控制层与现地控制层。远程控制层即为水闸管理中心，现地控制层即为气动系统现地控制柜。监控系统网络采用100M光纤以太网结构。

现地控制单元以具有可靠性高、适应性强的PLC为核心构成，进行数据采集、控制及计算机管理显示。远程控制，可以实现气盾坝升降上下游联动，满足浑河泄洪

调控、灌溉蓄水、尾水发电调控要求。

控制房内及气盾坝上下游设置工业视频监视系统，对上下游水位、气动系统控制室内设备、管理中心配电室及厂区重要进出口，以及工程总体等区域进行实时监视、记录。工业视频监视中心设置在水闸管理中心。

本工程右岸布置一座控制泵房。泵房中设有 4 套动力装置系统，每套系统包括空气压缩机、冷干机、储气罐、控制柜以及阀组和管路等设备。气囊工作压力为 190kPa。4 套控制系统整机功率为 180kW。

（六）采用水下灯营造炫彩夜景

在气盾坝下游侧闸底板上水帘内侧布置 544 个湖蓝单色 24W 的 LED 水下灯，灯光从水帘内部投射到气盾坝水帘上达到散射效果，电缆采用 YC 型防水电缆，水下灯均采用 24V 供电，确保使用安全。

六、工程验收及运行效果

2022 年 11 月，项目建设方组织进行了气盾坝工程验收，工程质量优良，运行情况良好。运行效果如图 5-9、图 5-10 所示。

图 5-9　下伯官气盾坝运行效果

图 5-10　夜间彩灯效果图

第六章
大凌河朝阳城区段河道综合治理工程

一、工程概况

大凌河南支发源于辽宁省建昌县，北支发源于河北省平泉市，南北两支汇合于辽宁省喀左县大城子镇。大凌河流经建平、喀左、凌源、朝阳、北票、义县、于凌海市汇入渤海。流域面积 23263km²，干流长 435km，朝阳水文站以上流域面积 10135km²。朝阳市位于大凌河中游。大凌河由南向北横穿朝阳市区，城区段南起哨口大桥，北至什家子河河口，全长 9.1km。

朝阳市地处辽宁西部、大凌河流域中游，属寒温带夏雨炎热型气候，年内气候变化较大，夏季炎热，冬春少雨气候干燥，是辽宁省的干旱地区，有"十年九旱"之称，严重影响工农业生产的发展。朝阳站洪水主要来源于上窝堡以上及左侧支流第二牤牛河和老虎山河，多发生在 7、8 两月，洪水陡涨陡落，一次洪水历时 3~5 天。

大凌河两岸不对称，左岸宽阔平坦，为朝阳市中心城区，右岸阶地较窄。堤基与河床天然土主要为粉质黏土、粉土、细砂和卵砾石，其天然状态较好，特别是卵砾石层，其厚度、密实程度均较高。

朝阳城区段生态景观化防洪综合整治工程位于城区段河道上，上游起始于南大桥，下游终点于东大桥下游1200m，整治段全长3.75km。工程包括两岸堤防、人工湖、橡胶坝、滨湖游览道路、两岸景观带。左岸堤防防洪标准为 100 年一遇，堤顶宽8.0m；右岸堤防防洪标准为 20 年一遇，堤顶宽8.0m。橡胶坝共有 2 座，为充水式橡胶坝，坝高均为2.5m，坝长为400m。2 座坝蓄起 2 片人工湖水面，总面积为 150 万 m²。人工湖两岸设有滨湖游览路，路面宽为10m，游览路与堤顶路之间为景观绿化带，左岸景观绿化带宽 90~110m，右岸景观绿化带宽 60~80m。

二、两岸堤线的确定

（一）堤线设计方案

大凌河朝阳城区段生态景观化防洪综合整治工程拟定 3 个堤线方案进行比较，3 个堤线方案的起点和终点均相同，起点为哨口大桥，终点为什家子河口。

方案 1：为《朝阳市城市防洪总体规划报告》中的堤线方案。其中，哨口大桥至中山营子行洪宽度为 320~600m；中山营子至东大桥行洪宽为 600~800m；东大桥至什家子河口行洪宽为 700~1000m。

方案 2：右岸的堤线采用规划方案的堤线。左岸堤线将规划方案中山营子至什家子河口的堤线向东移，平均移动 160m 左右；左岸中山营子至哨口大桥的堤线基本采用规划方案的堤线。

方案 3：左岸堤线基本采用规划堤线。右岸堤线将规划方案的堤线西移，平均移动 150m 左右。

（二）方案比较

从防洪的角度来说，3 个方案都能确保朝阳城市防洪安全。从投资、资金筹措、与城市建设相结合及其他方面考虑，方案 1 投资比方案 2 节省了 3026 万元，比方案 3 多了 109 万元，但规划方案不能更多地增加城市建设用地，不利于防洪工程建设的资金筹措，从防洪工程建设与城市总体发展规划上考虑，方案 2、方案 3 较方案 1 优。

综合比较方案 2 和方案 3，均能满足朝阳市的防洪要求。方案 3 能充分利用现有堤防，不改变现状河道的河势，有利于堤防的防护。其投资比方案 2 少 3135 万元，并且方案 3 能更好地与城市建设规划相结合，有利于朝阳市凤凰组团的开发建设。方案 3 增加的城市建设用地虽近期不易出让，但随着凤凰组团的建设开发，增加的城市建设用地也能发挥良好的经济效益。方案 3 在筹措资金方面较方案 2 困难，但朝阳市政府承诺在资金上给予大力支持。

综上分析，从朝阳市防洪工程建设的投资及与结合城市建设规划相结合等方面综合考虑，选择方案 3。

三、泥沙影响分析

大凌河朝阳城区段整治工程自哨口桥下至什家子河口，其间有朝阳水文站，上游 22.83km 处为阎王鼻子水库。河床演变及泥沙分析主要从天然情况、上游修建阎王鼻子水库、修建人工湖河道渠化 3 个方面进行。

（一）天然情况下泥沙影响分析

大凌河属于多沙河流，天然情况下主槽有"洪冲枯淤"的特点。套绘朝阳（三）站 1966、1969、1977、1984 年汛前、洪峰期、汛后实测断面，可以看出，每次断面都是汛前最小，洪峰期最大，而汛后又逐渐回淤使断面逐渐变小。1969 年汛后至 1977 年汛前和 1977 年汛后至 1984 年汛前这两段时间都是枯水枯沙年段，全断面淤积明显，特别是 1969 年汛后至 1977 年汛前这段时间内，主槽和滩地都发生淤积，同一高程下断面面积减小 84.24m²。从历年断面套绘图看，朝阳（三）站 1966~1984 年间断面逐渐淤积，断面面积逐次变小。朝阳（四）站 1994~2001 年间有冲有淤，1994 年汛前面积最小，1995 年汛前面积最大，是因为大凌河 1994 年发生了大水，之后又逐渐变小。总之，断面面积在大水年份冲刷变大，小水年份淤积变小。

本河段的冲淤变化还可以从上下游水文站的输沙量资料进行分析。统计干流上窝堡、朝阳、大凌河、锦县和支流叶柏寿、德力吉、凉水河子、迷力营子、复兴堡站 1955~1996 年实测沙量资料，上窝堡、叶柏寿、德力吉多年平均输沙量分别为430.2 万、41.19 万、304.76 万 t，三站之和为 776.15 万 t，占朝阳站输沙量的 73.4%，而三站的面积占朝阳站的 71.66%；朝阳、凉水河子、迷力营子多年平均输沙量分别为 1057.21 万、78.06 万、1130.14 万 t，三站之和为 2265.41 万 t，比大凌河站多 75.66万 t；复兴堡和大凌河站的沙量之和为 2426.38 万 t，比锦县站多 528.38 万 t。可见，大凌河河道在长时期内是逐渐淤积的，相对来说，朝阳站以上河段淤积较轻。

（二）修建阎王鼻子水库后泥沙影响分析

上游阎王鼻子水库建成后，下游河道发生清水冲刷现象。阎王鼻子水库初设阶段，进行了坝下游河道冲淤计算，通过计算及定性分析，坝下河道大水年冲得多，小水年冲得少；建库之初冲刷强度大，以后逐渐达到冲淤平衡。

初设计算时段为 1955~1992 年，从计算成果看，建库后前 5 年冲刷强度最大，哨口桥处冲深达 1.28m，朝阳水文站冲深达 1.7m，从哨口桥到朝阳站河段平均冲深 1.5m。计算时段的第八年遇 1962 年大水，哨口桥下冲深 0.66m。第八年大水以后，各河段冲淤变化不大，基本接近平衡。从全断面看，建库后坝下河道主槽发生冲刷，滩地发生淤积，而冲淤总量基本平衡。

（三）修建人工湖河道渠化后泥沙影响分析

大凌河朝阳城区段规划拟建两道橡胶坝，分别位于 H13+ 上游 200m 和 H9 下游 230m 处，本次对两道橡胶坝以上，人工湖内的河道主槽进行渠化设计，渠化后的河道为复式断面，主槽为矩形，渠底宽 400m，两侧设挡土墙；矩形断面顶部两侧设有 10m 宽游道，游道设计高程为 5 年一遇洪水水位。

计算天然河道各断面不同频率水位下过水面积及此水位下设计断面面积，并比较，5 年一遇水位下设计断面面积普遍比天然断面大，即渠化后游道高程以下断面面积增大；高程超过游道后设计断面面积比原天然河道面积小。同时，设计断面流速普遍比天然河道大，而且流量越大越明显。从设计河底高程看，设计断面河底高程高于天然断面主槽河底高程，低于天然河道平均河底高程，但河段纵比降与天然情况基本相同。

影响河道演变发展的因素很多，但主要因素可归结为以下 4 点：

（1）河段的来水量及其变化过程。

（2）河段的来沙量、来沙组成及其变化过程。

（3）河段的河床比降。

（4）河段的河床形态及地质情况。

本河段渠化后，这 4 个因素中前 3 个没有改变，只有第四个因素中的河床形态有变化。而由上述可知，渠化后断面流速增大，河段挟沙能力增强，应该更有利于排沙；上游阎王鼻子水库的修建，正常运用时能使坝下河道发生冲刷，对维持主槽有利；宽深比减小，主槽趋向窄深形状，能使断面更稳定。

对比设计断面与天然断面，可以看出主槽加宽了而全断面缩窄了，设计主槽在宽度上与朝阳站断面相似，朝阳站断面宽度约 360m，属"U"形断面，朝阳站断面较稳定，因上游来水来沙及下游输沙能力的影响，使其有朝淤积发展的趋势，但淤积速度较慢，而且大水年份还发生冲刷。

综合上述分析，天然情况下朝阳河段有趋向轻微淤积的趋势，修建阎王鼻子水库后又有较轻的冲刷现象，本段河道相对来说比较稳定。渠化后在橡胶坝蓄水或一般小洪水时河底应产生淤积，但大洪水时橡胶坝放水可将部分淤积物冲刷向下游输送，因设计主槽宽度大于原天然主槽，将有部分淤积物不能被冲起，若要维持设计河底则需人工清淤。

四、人工湖蓄水预测及人工湖蓄水对地下水影响分析

工程区段内河床及漫滩均为砂砾石层，河床两侧高漫滩表层为粉质黏土及粉土，厚 0.5~2.5m；下部为砂卵砾石层，层厚 30~40m，透水性强，是本区的主要取水层位。由于工程区的上、下游存在两处水源地，经长期抽水已形成一个相连的地下水降落漏斗，降落漏斗面积约 7km²，使地下水位低于地表河水位约 10m。根据初步计算结果，在上游阎王鼻子水库控制下，保证上游一定来水量，可形成人工湖，但可能对两岸造成浸没影响，因此，为了更深入地研究人工湖形成的可能性及对两岸的浸没问题，充分论证该项目的可行性，进行了有关水文地质计算和模拟预测。

（一）主要目的及技术要求

（1）根据收集到的水文地质资料和其他相关资料，确定研究区边界条件，建立水文地质概念模型及数学模型，利用 GMS 等技术方法，计算有关水文地质参数。

（2）选择多个方案，预测不同边界条件下形成人工湖的可能性及对两岸的浸没影响情况。绘制人工湖形成前、后不同时段地下水流网、地下水等值线图，并利用计算机进行动态模拟演示形成人工湖后地下水流动过程。

（3）利用计算结果预测人工湖蓄水后，不同时段回水对两岸地区的浸没影响范围，分析解决浸没问题的方案和措施。

（4）研究人工湖蓄水过程中地表来水量、排泄量、地下水位、蓄水时间的关系，确定人工湖形成时间。

（5）提出修建人工湖的最佳方案及防止人工湖产生浸没的最佳处理措施。

（二）地下水流模型的建立

地下水模型系统（Groundwater Modeling System，GMS）是由美国 Brigham Young

大学环境模型研究实验室与美国 Army Engineer Waterways 实验中心联合开发的、专门用来进行地下水环境模拟的综合性软件。

该软件以美国地质调查局开发的著名软件——Modflow 为基础，增加了更多实用性应用模块（如地下水污染模块、水库大坝渗漏模块等），尤其在三维自动剖分、数据统计计算、图形显示与输出方面，功能比原 Modflow 更强大，是一综合性的、较Modflow 更完善的地下水模拟、计算工具，在地下水运动数值模拟中具有独特的优点和应用的广泛性。

（三）成湖条件分析计算方法

上游湖蓄满水后的平面示意图如图 6-1 所示，为了便于偏微分方程的推导和数学计算，按照面积不变的原理，将上述示意图概化为示意图 6-2。

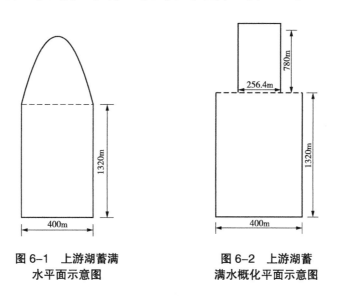

图 6-1　上游湖蓄满
水平面示意图

图 6-2　上游湖蓄
满水概化平面示意图

由人工湖剖面示意图（见图 6-3）可知，上游人工湖的 400m 宽的三角部分和下游人工湖的三角部分在蓄水的过程中底面积即水库的渗漏面积在不断地变化。为了求出河流上游来水量与人工湖渗漏量之间的数学关系公式，已知人工湖两侧堤岸的宽度为 B，湖底的入渗系数为 K，根据示意图 6-4，当河流上游单位时间来水量为 q时，在 Δt 时间内的来水量为：$\Delta Q = q\Delta t$。设三角形的底部淹没的长度由于河流的来水又增加了 ΔX，则由此增加的渗漏量为：

$$\Delta Q_{S} = KB(X + \Delta X)\Delta t \tag{6-1}$$

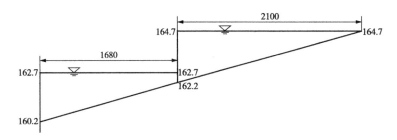

图 6-3 人工湖剖面示意图（单位：m）

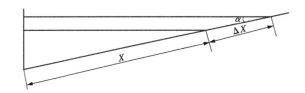

图 6-4 湖底淹没长度变化示意图

由此增加的人工湖的蓄水量为：

$$\Delta Q_\mathrm{x} = B[X\cos\alpha + (X+\Delta X)\cos\alpha]\Delta X\sin\alpha/2.0 \tag{6-2}$$

由水量的平衡关系可知：

$$\Delta Q = \Delta Q_\mathrm{S} + \Delta Q_\mathrm{X} \tag{6-3}$$

即：

$$q\Delta t = KB(X+\Delta X)\Delta t + B[X\cos\alpha + (X+\Delta X)\cos\alpha]\Delta X\sin a/2.0 \tag{6-4}$$

经过数学上的处理，可得到微分方程：

$$\frac{\mathrm{d}t}{\mathrm{d}X} = \frac{1}{2}B\sin 2\alpha\frac{X}{q-KBX} \tag{6-5}$$

求解此微分方程，并由初始条件：$t=0$，则 $X=0$，可以得出方程的精确解：

$$t = -\frac{X\sin 2\alpha}{2K} - \frac{q\sin 2\alpha}{2K^2 B}\ln\left(1-\frac{KBX}{q}\right) \tag{6-6}$$

当上游第一个人工湖 400m 河宽的三角部分蓄满后再继续蓄水时，根据概化后的人工湖平面示意图，平面上的河宽由原来的 400m 转变为 256.4m，并且 400m 宽的部分依然接受蓄水，此时，式（6-6）已经不满足这种情况，必须重新推导偏微分方程。由于 400m 河宽的三角部分蓄满水后，这部分在以后的蓄水过程中渗漏量不再发生变化，令 400m 河宽处的河宽度以 B_1 表示，湖底的长度为 L（见图 6-5），则这部分单位时间内的渗漏量为：KB_1L。

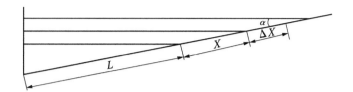

图 6-5 上游人工湖湖底长度变化示意图

设变化后的河宽度为 B_2，根据图 6-5，设上游河流来水量为 q，在蓄水过程中 Δt 时间范围内，人工湖底的长度增加 ΔX，根据上述的方程推导过程，由水量均衡：

$$
\begin{aligned}
q\Delta t = KB_1L\Delta t + K(X+\Delta X)B_2\Delta t + \\
B_2[X\cos\alpha + (X+\Delta X)\cos\alpha]\Delta X\sin\alpha/2.0 + \\
B_1L\cos\alpha\Delta X\sin\alpha
\end{aligned}
\tag{6-7}
$$

可推导出如下方程：

$$
\frac{\mathrm{d}t}{\mathrm{d}X} = \frac{B_2X\sin 2\alpha/2.0 + B_1L\sin 2\alpha/2.0}{q - KB_1L - KB_2X}
\tag{6-8}
$$

解此微分方程，并由初始条件：$t=0$，则 $X=0$，可以得出方程的精确解：

$$
\begin{aligned}
t = -\frac{X\sin 2\alpha}{2K} - \frac{(q-KB_1L)\sin 2\alpha}{2K^2B_2}\ln\left(1 - \frac{KB_2X}{q - KB_1L}\right) \\
- \frac{B_1L\sin 2\alpha}{2KB_2}\ln\left(1 - \frac{KB_2X}{q - KB_1L}\right)
\end{aligned}
\tag{6-9}
$$

当下游人工湖的湖底完全被淹没后，人工湖的渗漏量可以认为不再发生变化，上述的关系显然已不再成立。

已知湖底的长度为 L，上游人工湖的单位来水量为 q（m³/s），假设经过时间 Δt，下游人工湖湖面由于蓄水而上升的高度为 ΔX（见图 6-6），则有水量平衡关系式：

$$
q\Delta t = Q_S + Q_X
\tag{6-10}
$$

式中：Q_S 为人工湖在 Δt 时间内的渗漏量；Q_X 为人工湖在 Δt 时间内的水库蓄水量。因为 $Q_S = KBL\Delta t$，$Q_X = B\Delta XL\cos\alpha$，则：

$$
q\Delta t = KBL\Delta t + B\Delta XL\cos\alpha
\tag{6-11}
$$

由此可得：

$$
\frac{\mathrm{d}t}{\mathrm{d}X} = \frac{BL\cos\alpha}{q - KBL}
\tag{6-12}
$$

求解微分方程，并由初始条件：$t=0$，则 $X=0$，可得出方程的精确解：

$$t = \frac{BL\cos a}{q - KBL} X \tag{6-13}$$

式（6-9）~ 式（6-13）是在水库能够蓄水的条件下推导出来的，即两个人工湖的来水量应分别大于其蓄满入渗量。

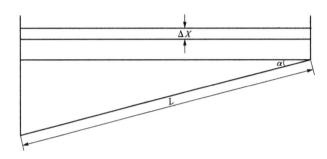

图 6-6　下游人工湖湖面上升高度变化示意图

在保证能够蓄水的条件下，河流的来水首先对上游人工湖进行蓄水，待蓄满上游人工湖后，再蓄下游人工湖。这样，下游人工湖蓄水时的来水量就为河流来水量与上游人工湖的渗漏量的差值。

（四）成湖方案的模型预测

由于有阎王鼻子水库的调节，根据朝阳水文站 2001 年月平均流量统计数据，在计算中考虑了 1~6m³/s 共 6 种上游来水情况；人工湖底的入渗系数分别取 1×10^{-4}、1.0×10^{-5}、2.0×10^{-5}、3.0×10^{-5}、4.0×10^{-5}、5.0×10^{-5}cm/s，两者组合成 21 个方案；再利用前面推导出来的方程，对人工湖的蓄水时间和蓄水过程进行初步计算。

通过初步分析计算，在上述 21 个方案中选择 7 个成湖方案进行模型预测，并对每个方案分连续丰水年和连续枯水年两种情况预测，因此，又组成了 14 个模型预测方案。7 个成湖方案选择的湖底渗透系数分别为：1×10^{-4}cm/s；3×10^{-5}cm/s；5×10^{-5}cm/s，适当增加开采量；4×10^{-5}cm/s；4×10^{-5}cm/s，适当增加开采量；3×10^{-5}cm/s；2×10^{-5}cm/s。连续枯水年 7 个成湖方案同上。

根据预测结果，从中筛选出 3 个最有利的成湖方案，其渗透系数分别为：3×10^{-5}、4×10^{-5}、5×10^{-5}cm/s。

在现状条件（治理前的条件）下（总开采量 11.977 万 m³/d，侧向总补给量枯水年枯水期 6.0 万 m³/d，丰水年丰水期 7.5 万 m³/d），当湖底渗透系数为 3×10^{-5}cm/s 时，刚好可以维持多年天然水均衡。在 3 个连续丰水年不会产生浸没；在 3 个连续枯水年也不会产生区域水位大幅下降。当渗透系数为 4×10^{-5}cm/s 时，在连续第四个丰水年就会产生局部浸没，第五个丰水年便可达到城区段地下室（或车库）的警戒水位，但可以适当增加现有水源井开采量来维持地下水平衡状态。当渗透系数为 5×10^{-5}cm/s 时，在连续第二个丰水年就会产生小范围浸没，并达到城区段地下室（或车库）的警戒水位；在连续第三个枯水年也会产生大面积浸没，仍可以通过增加现有水源井开采量来维持地下水平衡状态。

（五）人工湖蓄水过程中地下水的动态模拟及蓄满分析

通过计算可得，当河流来水量为 1m³/s、湖底入渗系数为 1×10^{-4}cm/s 时，上游人工湖的入渗量高达 62899.23m³/d，下游人工湖在此条件下不能形成；且在现有开采量的情况下，会造成不同程度的浸没。因此，在现状开采条件下，只有当人工湖底入渗系数小于 1×10^{-4}cm/s 时，才能形成人工湖。

但当入渗系数小于 1×10^{-5}cm/s 时，人工湖对研究区地下水的入渗补给量又过小，可能会引起研究区内区域地下水位长期下降，引发环境地质灾害。

为了防止浸没或疏干，依据数值模拟计算，人工湖湖底平均入渗系数建议采用 10^{-5} 数量级。

选择人工湖渗透系数为 3×10^{-5}cm/s、上游来水量为 1m³/s 的方案，进行不同时段地下水动态模拟。该方案成湖所需要时间为：上游人工湖需要 13.71 天，下游人工湖蓄满需要 18.83 天。

（六）成湖方案优化与评价

综合比较以上几种方案，建议选用以下方案进行人工湖防渗。

人工湖开挖后对湖底进行防渗，使湖底垂向渗透系数控制在 $3.5 \times 10^{-5} \sim 5 \times 10^{-5}$cm/s 之间。当引起区域地下水位上升至警戒水位时，增大现有水源井开采量，以降低区域地下水位，防止浸没的发生。

五、人工湖防渗设计

人工湖湖底采用复合土工膜防渗，两布一膜，重量为 500g/m²，其中，膜厚度为

0.25mm。土工膜上覆盖河床圆砾保护层，厚度按 20 年一遇洪水冲刷深度设计，经计算保护层厚度为 1.5m。

六、橡胶坝设计

本工程共修建两座橡胶坝，相距 1850m。

上游橡胶坝底板高程 161.50m，坝袋顶高程 164.0m，橡胶坝坝袋高 2.5m，分 4 跨，每跨 100m（墩中心距），跨间设 3 座中墩，厚 0.8m，坝总长 400m（包括 3 个中墩），坝底板宽 8.0m，底板为 C20 钢筋混凝土结构，厚 0.8m，底板下设前后各一道齿墙，以增强坝体抗滑稳定。底板沉陷缝间距 14m。坝袋为堵头式橡胶坝，采用楔块锚固，为了便于施工，采用外锚型式。

坝下设钢筋混凝土消力池，全长 13.5m。橡胶坝底板后与消力池前设 2.0m 长水平连接段，厚 0.5m。消力池首段为长 4.0m 的 1:4 斜坡段，余为 9.0m 水平段，厚 0.5m，消力池末端设高 0.8m、宽 0.5m 的尾坎。消力池水平段设直径为 6cm 的排水孔 5 排，呈梅花形布置。下铺无纺布土工织物。

消力池下游设海漫。海漫总长为 20m 分两段布设，前段长 10m，采用埋石混凝土海漫，厚 0.4m，内设排水孔，下铺无纺布；后段长 10m，采用 2m×3m 混凝土框格中填干砌石海漫，砌石厚 0.4m，下铺无纺布。在海漫下游设防冲槽底宽 4.0m，深 1.5m，槽中均为抛石，并以直径大于 40cm 的块石压顶。

下游橡胶坝结构布置型式与上游相同，只是高程比上游橡胶坝低 2.0m。

七、两岸绿化带生态景观设计

两岸景观规划设计构思充分体现了生态及文化理念，以一轴（历史文化轴）、一线（时代发展线）、一河（大凌河）、一带（公园绿化带）为主题，形成了五大功能区的景观格局，即植物景观区、动物景观区、滨水休闲景观区、人文景观区、体育运动景观区，在布局结构上强调了三条主脉，即水景线——水脉、生态线——绿脉、文化线——文脉。朝阳市大凌河风景区景观规划设计方案充分挖掘了地方文化特性，将传统文化融入现代城市建设中，创造出富有地方文化特色的城市滨水景观。将朝阳的历史文化作为景观之"骨"，将水作为景观之"血"，将植物作为景观之"肉"，形成有"骨"、有"血"、有"肉"的集生态景观和文化内涵于一体的绿色走廊。创造一种野逸、自由、简朴、雅致、富诗情画意和田园风韵的独特新风格，使人能全面感受到总体的环境氛围，促进人们对自然的认识和尊重，使人与自然和谐共生。绿化植被上，立意于为"四季秀色伴凌河"。在总体上形成树木葱郁、绿草如茵、花开花落具有四季变化的、可游可息的带状滨河公园，绘成大面积、长距离的连绵不断的画卷。

在总体上形成6园6景点，游园和景点之间以生态绿化带相隔。在景观布置上以左岸为重点，两岸呼应，互为对景、借景。左岸分布3园5景点，右岸分布3园1景点。沿湖两岸设置了4个游船码头，沿堤绿化带因地制宜设置环保公厕，绿地中在有台阶处均做无障碍处理。整个园林组景序列富有层次感、节奏感和韵律感。

6个主题分别寓意为：营州斜阳（中老年园）、今朝辉煌（综合活动园）、龙城古韵（历史文化园）、弄潮儿郎（儿童戏水园）、龙腾鸟飞（生化园）和百花争艳（生态园），将文化内涵体现在景观设计中，使园子具有较高的文化品位。

6个景点分别寓意为：太阳广场、鸽洞寻迹、南桥竞渡、东方曙光、古文展示和画镜观塔。设计以现代园林的大手笔和粗中有细的手法，表现出极富朝阳特点的文化韵味和野趣横生的复层式生态群落景观。

充分利用"第一只鸟在朝阳飞起"和"第一朵花在朝阳开放"这些独有的生物进化史资源来展示朝阳的文化。在右岸借用凌河公园鸟山，以雕塑形式，反映龙到鸟的变迁过程，建百花园和百鸟园，反映由于"世界上第一朵花开放"带来今日万紫千红和果实累累。在左岸展示朝阳独有的红山文化、三燕文化和清代朝阳八景（局部）。在左岸从红山女神塑像到后燕鼎盛直至今日的朝阳，体现朝阳历史的源远流长，在右岸"第一只飞鸟"和"第一朵开放的花"，感受到生物进化的奥妙，满足人们对历史文化的需求；儿童戏水园、码头游船为人们提供亲水空间；丛林绿化带满足人们回归自然的渴望；老年园、万人广场每个景点空间成为人们健身场所；历史园、戏友之角和儿童园的戏水，不仅使两侧绿化带留住人，而且使人们成为这里的主人，使这里成为人们天天想去的地方。

在整体上形成内低外高的格局，科学地应用植物材料，达到生态防护作用，使绿地能在粗放管理的条件下自我完善、产生最好的生态效益，达到可持续发展。突出植物造景、注重意境营造，以展示植物的自然美来感染游人；淡化草坪，增加地被植物，着意创造树成群、花成片、草成坪、林成荫的复层式生态群落景观。充分考虑和利用植物的树形、花期、叶色、质地等变化和植物季相更替及色彩搭配，在不同季节形成不同的景致，最终达到"春花雪月，四时皆宜"的境界。

湖光涟漪的人工湖水面与风景如画的凤凰山交相辉映，青山绿水，鲜花草坪，荫荫绿树，点点凉亭、人文小品，实现了城在山中、水在城中、楼在树中、人在绿中的人间美景，波光同绿茵辉映，灯火与繁星烘托，凤山含笑、湖水涟漪，波光相伴、广场寻古，构成了一条生机勃勃的城市生活走廊，实现了人与自然的和谐统一，成为辽西的一道绿色生态屏障和具有丰富景观的旅游胜地。

八、工程实施及运行

工程于 2002 年 10 月开工，2004 年 10 月主体完工，2006 年 10 月竣工验收。而后在已完成的两座橡胶坝的下游又兴建了两座橡胶坝，蓄水水面达到 300 万 m^2，上下游蓄水河段长达 7.5km。

工程运行期间，每年冬季橡胶坝不坍坝运行，坝高降低 0.5m，坝前人工破冰，保持坝前 1.5~2.0m 无冰水面，避免结冰对坝袋的不利影响，春季蓄水也不再存在问题。

工程自 2004 年完工运行以来，大凌河没有发生大洪水，主槽岸边石笼护脚处泥沙淤积 20~30cm，总体泥沙淤积不是很严重。

人工湖蓄水后没有明显渗漏现象，两岸没有发生浸没问题，河道岸边自来水水源井取水运行正常，没有因为主槽防渗受到影响，说明主槽采取的防渗措施是合适的，也是成功的。

目前已完成了 1、2 号橡胶坝坝袋更换，锚固型式由原来的楔块锚固改成螺栓锚固。

九、结语

大凌河朝阳城区段生态景观化防洪综合整治工程的兴建，具有显著的经济、社会和生态环境效益。左岸防洪标准达到 100 年一遇，可保护城区总面积 28.38km²、人口 31.52 万人；右岸防洪标准达到 20 年一遇，保护人口 5.0 万人，标志着朝阳市城市防洪体系基本建成。人工湖水面覆盖 3000 亩河滩地，两岸形成 1000 亩的绿化带，使景区水土流失综合治理率达到了 98%，林草覆盖率达到了 96% 以上，由于水面、湿地、绿化带和硬覆盖合理分布，有效地抑制了河滩沙源，使城区的沙尘天气危害明显减轻，市区 3~5 月空气相对湿度平均提高 3 个百分点，市区的生态环境明显得到改善。昔日风沙带，今朝变绿洲，实现了碧水蓝天、绿树成荫、人水和谐的环境效益。2004 年被水利部评为"国家级水利风景区"，并通过了建设部"中国人居环境范例奖"的专家评审。该项工程的建设对确保城市防洪安全，提升城市品位，改善人居环境，实现人与自然和谐具有十分重要的意义。治理前河道如图 6-7 所示，治理后河道如图 6-8 所示。

图 6-7　治理前河道

图 6-8　治理后河道（一）

图6-8 治理后河道（二）

第七章
沈阳市长白内河生态治理工程

一、工程概况

沈阳市长白地区位于沈阳市城区南部，浑南新区西侧，地处浑河南岸，北与和平老区隔浑河相望，西至长大铁路，东至金阳大街与浑南新区相邻，南至规划 80m 宽浑南大道，东西长约 4.2km，南北约 3.7km，规划长白新区总计用地面积 10.87km²。

长白岛内河水系是在区域内原有"八一"灌渠的基础上改造而成的。结合长白新区总体规划及沿岸景观要求，将原有浑南"八一"灌渠进行综合整治改造。内河水系东起浑河灌渠入口，原渠道改线拓宽蜿蜒西行至胜利大街长白段后折而向北，沿胜利大街向北新挖河道，穿越浑河南堤入浑河，长白内河与浑河形成环岛水系，进而形成了长白岛。内河河道最宽 260m，河道总长约 5.5km，水面平均宽 100m，水域面积 55 万 m²。主要建筑物包括渠道改线拓宽、新挖河道、渠岸景观生态化防护、渠底防渗处理、节制闸、穿路穿堤涵等建筑物。长白岛总平面效果如图 7-1 所示，上

图 7-1　长白岛总平面效果图

为长白内河，下为浑河。

二、内河旧貌

原灌渠的主要功能是用于浑河南岸农田的灌溉，长白区域段长约 3.4km，呈东西走向，渠道平均宽度 10m 左右。经过多年使用，原灌渠两岸垃圾如山，河道淤积严重，部分区段已成粪便、垃圾排放场。内河旧貌如图 7-2 所示。

图 7-2　内河旧貌

三、工程设计

（一）工程总体设计原则

（1）保持渠道农业灌溉功能。本次设计保留渠道的农业灌溉功能，设计过流量 28m³/s，使渠岸具有必要的抗冲刷能力，使水流顺畅，满足过流能力要求。

（2）渠道平面布置。岸线总体布置以徐缓曲线为主，与城市规划用地相协调。

（3）渠道竖向布置。保证农业灌溉所要求的最低水位，同时，使改造后的渠道具备一般游船通行功能。

（4）渠道断面及护岸设计。充分体现自然、生态、亲水特点，为人们提供水边活动和休闲空间。渠岸防护力求生态化，尽可能多用植物防护，减少硬防护。护岸高度、坡度、长度、材料尺寸等均应满足视觉要求，常水位以下、水位变化区以及高水位以上，采用不同护坡型式。沿渠护岸形式多样化，避免视觉疲劳，达到"步移景异"的效果，同时与城市规划开发功能相协调。

（5）绿化、景观及建筑物设计。渠岸绿化应力求自然，避免大片的、种类单纯的草坪和连绵不断的色块。选择植物应充分考虑本地区气候与环境特点，水生植物应具有耐寒、耐水、生命力强并具净化水质等特点。旱地植物选择本着"因地制宜，经济美观"的原则，选择耐寒冷、绿期长草种，选择冬季不落叶或少落叶的灌木和乔木。建筑物设计除满足其自身功能要求，亦应满足景观要求。

（6）经济原则。采用硬防护部位，应就地取材，充分利用当地材料。植物材料的选择，应充分利用适应性强、自繁能力强的乡土植物，不用或少用大规格、高单价苗木，降低建设成本和管理养护成本。

（二）内河总平面设计

自灌渠渠首闸至胜利大街，将原渠道改线拓宽形成内河。沿胜利大街向北新挖内河，穿越浑河南堤入浑河，形成环岛水系。内河宽 115~260m，总长约 5.5km，水面平均宽 100m，水域面积 55 万 m^2。胜利大街至沈大铁路桥 590m 原渠道清淤整治绿化。主要建筑物包括渠道改线拓宽、渠岸景观生态化防护、渠底防渗处理、节制闸、穿路穿堤涵等建筑物。

（三）内河纵剖面设计

（1）竖向布置原则。竖向布置保证农业灌溉所要求的最低水位，同时，使改造后的渠道具备一般游船通航功能。

（2）内河水位及河底高程的确定。节制闸位于内河与沈大铁路交叉处，原渠道底高程 37.363m，设计水深 1.75m，设计水面高程 39.113m，由此确定内河常水位 39.113m。为满足景观及通过游船的要求，内河设计为复式横断面，其中主河道水深 2m。

（3）岸线高程的确定。为充分体现岸线亲水特点，确定岸线高出常水位 0.3m。

（四）内河横断面设计

（1）横断面设计原则。本工程内河横断型式设计，主要考虑保证主河道行船宽度、考虑河岸冲刷及亲水性要求及河面宽度视觉要求。

（2）内河横断面设计。内河采用复式梯形断面形式，如图 7-3 所示。近岸水边浅水区，水深为 0.5m，河底以缓坡与岸边衔接。主河道水深 2m，河底以 1：2 坡度与岸边衔接，河岸高出常水位 0.3m，使人体在正常水位情况下，均能轻易地触摸到水体。浅水水边种植耐淹绿化植物或配置建筑小品，为人群在滨水空间的活动提供优美的环境。

图 7-3　内河标准断面示意图

（五）内河护岸设计

1. 设计原则

（1）充分体现自然、生态、亲水特点，为人们提供水边活动和休闲空间。

（2）渠岸防护力求生态化，尽可能多用植物防护，减少硬防护。

（3）护岸高度、坡度、长度、材料尺寸等均应满足视觉要求。

（4）常水位以下、水位变化区以及高水位以上，采用不同护坡型式。

（5）沿渠护岸形式多样化，避免视觉疲劳，达到"步移景异"的效果，同时与城市规划开发功能相协调。

（6）经济原则：采用硬防护部位，应就地取材，充分利用当地材料。植物材料的选择，应充分利用适应性强、自繁能力强的乡土植物，不用或少用大规格、高单价苗木，降低建设成本和管理养护成本。选择植物应充分考虑本地区气候与环境特点，水生植物应具有耐寒、耐水、生命力强并具净化水质等特点。旱地植物选择耐寒冷、绿期长草种，选择冬季不落叶或少落叶的灌木和乔木。

2. 推荐护岸型式

经比较推荐护岸型式为浅水区采用香蒲、千屈菜、水葱等水生植物护岸，深水区采用 30cm 厚格宾石笼护岸型式。

（六）基础防渗设计

依据内河地质条件，为减少渗漏量，保证水量及原有灌溉用水规模，确定采用复合土工膜渠底防渗形式。采用两布一膜复合土工膜，要求膜厚度不小于 0.3mm，复合土工膜重量为 500g/m²。耐久性要求达到 30 年以上。复合土工膜不允许有针眼、裂纹、裂口、孔洞或退化变质等缺陷。

对河床进行碾压密实，要求不平整度小于 ±2cm，上敷复合土工膜，然后回填 300mm 厚河道开挖土料，其上再回填 200mm 厚砂砾料。对于深水区渠岸护坡，复合土工膜上回填 200mm 厚砂砾料及 300mm 厚格宾网石笼。

考虑渠道的通航要求，为避免船艇在河中运行可能带来的伤害，除固定码头，禁止船艇抛锚，如有需要，应设立浮筒让船艇停泊。

（七）节制闸设计

1. 水闸型式的比较选择

通过对传统平板式水闸、普通橡胶坝、气动盾形闸门、液压倒伏式闸门等闸门型式综合比较，确定采用液压集成式启闭机倒伏式钢闸门，如图 7-4 所示。

该闸门可以坝顶溢流，自动控制内河水位，启闭机体积小，手电两用操作方便，设有抵抗冰压力的锁定装置，冬季不需要破冰设施，运行管理方便，且造价不高。本设计推荐采用液压倒伏式闸门型式。

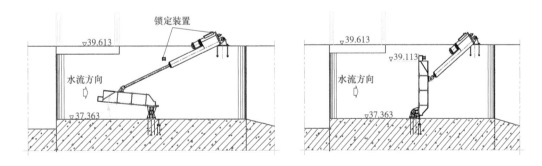

图 7-4 液压集成式启闭机倒伏式钢闸门（单位：m）

2. 水闸设计

共设 3 孔倒伏式翻板闸门，孔口尺寸为 5m×1.75m（宽 × 高），设计水头为 2.05m，动水启闭，底坎高程为 37.363m，采用 YJQ-Q 型液压集成式启闭机，启闭机容量为 2×100kN，工作行程为 1.6m，启门速度为 1.0m/min，电机功率为 5.5kW。

为适应闸门顶过流，在闸门上设有导流板。在正常工况下，液压集成式启闭机为电动控制，特殊工况下可手动控制，以满足不同工况下启闭闸门的要求。为阻抗冰压力对闸门及集成式液压启闭机的影响，在闸槽边墙上设有闸门锁定装置。

（八）涵管设计

涵管工程含内河北出口涵管及长白西路涵管共 2 座，长白西路涵管为直通式，内河北出口因有防洪要求设阀门控制。采用暗涵结构，顶管法施工，对堤防及浑河防洪影响较小，进口阀门隐藏于阀门井中，有利于景观布置。钢管直径 1.0m，进口设置 DN1000 检修阀门和 DN1000 工作阀门各一个。涵管布置如图 7-5 所示。

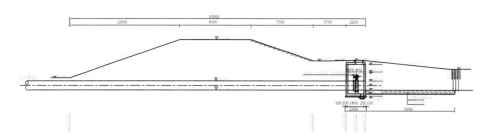

图 7-5　涵管布置图（尺寸单位：mm；高程单位：m）

四、工程效益分析

本工程于 2007 年开工建设，2008 年完工。通过对流经长白地区的农灌渠道进行综合改造，在满足其原有灌溉要求的基础上，对灌渠渠首至胜利大街段原渠道改线拓宽，沿胜利大街向北新挖河道穿越浑河南堤入浑河，长白内河与浑河形成环岛水系，将长白地区"分离"出一个四面环水的长白岛。环岛水系的形成，对促进该区域水利景观建设，提升城区品位，实现人水和谐，带动区域经济发展具有十分重要的意义。

（一）改善周边生态环境，为岛内开发建设奠定基础

灌渠综合整治改造工程实施及环岛水系的形成，彻底改变了原渠道两侧脏乱差的环境状况，树立了良好的城区形象，大大提高了该地块的人气，并对该地块的其他建设起到了拉动作用，内河两岸的各类建设活动如火如荼，形成了相当的建筑体量和规模，社会效应已经凸显，长白岛已成为沈阳市新的经济增长点。

（二）营造亲水氛围，提升城市品位，促进人水和谐

水是城市的灵魂，城市大多依水而建，由水而兴。千百年来，城市河道是承载城市文明与繁荣的重要载体。良好的城市水环境是创建生态型宜居城市、促进人水和谐、增加旅游资源的必备要件。本工程实施后，使沈阳这一北方内陆城市拥有一座水系环抱的城区岛屿，面积达 $10.87km^2$。滨河生态护岸、绿地公园、沿河酒廊、餐饮、商旅、居住及游船码头等也依此而建，内河水系与岸边建筑产生了良好的景观效应，使长白新区呈现出"一河清水、两岸绿色，河在城中流，城在岸边长"的滨水生态景观，构成一幅极具魅力的人工自然生态画卷，营造出良好的亲水文化氛围。在提升长白新城区整体形象，促进城市经济带和文化带延伸的同时，也为沿岸居民提供了一个健康、休闲的活动空间，实现了人与水、人与自然的和谐统一，使长白岛成为市民富有自豪感的家园。

（三）减弱城区热岛效应，改善空气环境

沈阳市地处内陆地区，温差较大，空气相对干燥。长约5km、宽100m环岛水系的形成，有利于减弱该区域的城市热岛效应，加大空气湿度，净化空气，减小温差；护岸工程的实施和沿岸的生态绿化，有效减少岸坡水土流失，防止渠道淤积和扬尘污染。区域空气环境得到了一定程度的改善。

（四）有效改善渠道水流条件及灌区水质

本工程实施后，对干渠内河段沿岸的施工垃圾、生活垃圾进行彻底清除，沿灌渠两侧分布的一些排污口截入污水截流系统，渠道断面变宽，不仅改善了渠道水流条件，保证了干渠过流能力，也使沿渠排污得到了有效治理，避免了区域污水的无序排放，灌区水质因此得到了一定程度的改善。治理后长白内河如图7-6所示。

图 7-6　治理后长白内河（拍摄于 2018 年夏）

第八章
棋盘山水库下游河道治理工程

一、工程概况

棋盘山水库坝址位于东陵区满堂河乡浑河支流蒲河上游辉山——棋盘山山谷，坝址以上河流长度 34.2km，控制流域面积 133km²，是一座多年调节水库，总库容 8016 万 m³，是一座以防洪、灌溉、养鱼、旅游及城市供水为主的中型水库工程。

自水库输水洞消力池后属于坝下河道，原坝下河道长约 5km，自水库输水洞起 162m 浆砌石护砌，其下游河道无任何防护措施，杂草丛生、淤积严重、无防洪能力、蜿蜒曲折，绕山而行，汇入下游沈北新区渠道。

为迎接国家第十二届运动会，辽宁省国际会议中心选址棋盘山水库坝下，为此，需要对水库坝下 5km 河道进行综合治理，提高防洪排涝能力，提供建设用地，提升水生态水环境水景观品质，为国际会议中心建设提供水利保障。

2011 年 3 月完成了棋盘山水库坝下河道整治工程初步设计，并通过辽宁省发展改革委批准。工程于 2011 年 5 月开工，2012 年 11 月 5 日完工。经过参建单位的不懈努力，历经两年多时间，完成了从设计、施工、竣工的全部工作。

二、自然条件及工程总体方案

（一）水文分析及洪水标准

采用辽宁省 1998 年编制的《辽宁省中小河流（无资料地区）设计暴雨洪水计算方法》计算棋盘山水库坝下河道山丘区的设计洪水。以坝下地处水文分区的Ⅲ5 区，按控制点以上集水面积重心查读各等值线图。渠首设计流量采用水库输水洞最大泄量

103m³/s，泄洪隧洞前渠道和泄洪隧洞设计流量按照发生 1000 年一遇洪水时 130m³/s，泄洪隧洞后河道设计流量也采用 130m³/s。

（二）工程地质条件

渠道地貌类型属于山前冲洪积平原，地势起伏不大，河道处地势较低，地面高程 75.67~85.00m。本区地层沉积物为第四系冲洪积中砂和圆砾，其下为震旦系石英岩，地层相对稳定，构造简单，根据钻探成果，从上至下将各地层岩性描述如下：

第① 2 层，耕植土，以黏性土为主，夹有少量砂及碎石，全区多有分布，层厚 0.5~0.9m。

第① 3 层，素填土，以砂卵砾石为主，仅交通桥~消力池段分布，层厚为 1.0~3.0m。

第②层，中砂，稍密，含黏性土较多，层厚为 15~3.1m，仅 RZ8、LZ2 和 LZ3 有揭露。

第③层，圆砾，稍密~密实，含少量黏性土，磨圆较差，层厚为 0.7~8.2m，普遍存在。

第④层，石英岩，中硬岩，弱风化~强风化，岩体完整性差~较破碎。

工程区地基土主要为第③层圆砾，其承载力为 450kPa；少量的第②层中砂，承载力为 200kPa；一部分第④层石英岩，承载力为 1000kPa。

（三）工程总体布置方案

坝下河道整治工程布置由渠首跌水段、渠道段、渐变段、钢坝闸、泄洪隧洞、渠尾跌水段等工程组成。自水库输水洞消力池末端起，治理后河道依右岸山脚布置，经 1350m 明渠、164m 隧洞、390m 渠道与沈北新区已建渠道衔接。按照满足渠道行洪要求、考虑河岸冲刷及亲水性要求及河面宽度视觉要求进行河道横断面设计。治理后河道横断型式，渠首跌水段及渠尾跌水段为矩形断面，其他为矩形复式断面。根据总体规划安排，沿渠道设置 2 个分水堰，为会议中心水系补充生态水量。

三、工程布置及建筑物设计

（一）平面布置

坝下河道整治工程布置由渠首跌水段、渠道段、渐变段、钢坝闸、泄洪隧洞、渠尾跌水段等工程组成。

自渠首桩号 0+000~0+200 渠首跌水段，长度 200m，渠宽由渠首 24m 渐变至末端 20m。

桩号 0+200~1+250 渠道段，长度 1050m，渠宽 20m。

桩号 1+250~1+350 渐变段，长度 100m，渠宽由 20m 渐变至末端 6m。

桩号 1+350 隧洞入口处设置 6m×4.865m（宽 × 高）集成液压式底轴翻转钢坝闸。

桩号 1+350~1+514 隧洞段，长度 164m，隧洞宽度 6m。

桩号 1+514~1+904 渠尾跌水段，长度 390m，渠宽 6~30m。

（二）纵断面布置

自渠首桩号 0+000~0+200 渠首跌水段，长度 200m，平底坡，底板高程 78.37m，末端设 0.5m 高尾坎形成 0.5m 水深景观水面，尾坎下游设置跌水至 76.30m 高程。

桩号 0+200~1+250 渠道段，长度 1050m，渠底以 0.134% 比降由 76.30m 高程降至 74.89m 高程。

桩号 1+250~1+350 渐变段，长度 100m，至隧洞入口；其中桩号 1+250~1+301.872 渠底比降为 0.134%，桩号 1+301.872~1+350 渠底比降为 2.34%。

桩号 1+350 隧洞入口处设置景观水闸，经对气动盾形闸门和钢坝闸经济技术比较，采用 6m×4.865m（宽 × 高）集成液压式底轴翻转钢坝闸。钢坝闸放置在隧洞前，其作用是水库不放流时，关闭闸门，沿渠道形成景观水面，水面平均宽度 30m。钢坝闸可任意调节门高和流量，耐久性好，外形美观，水面漂浮物能及时排泄出去，与环境更协调。

桩号 1+350~1+514 隧洞段，长度 164m，洞底以 2.34% 比降由 73.70m 高程降至 69.87m 高程隧洞出口。

桩号 1+514~1+904 渠尾跌水段，长度 390m，平底坡，底板高程 69.87m，末端设 0.5m 高尾坎形成 0.5m 水深景观水面，尾坎下游设置跌水至 66.87m 高程，与沈北新区已建渠道衔接。

（三）横断面设计

1. 渠首跌水段

渠首跌水段断面型式为矩形断面，宽度由渠首 24m 缩窄至末端 20m，侧墙为重力式混凝土结构，底板为 50cm 厚钢筋混凝土。

2. 渠道段

渠道段下部行洪主槽为矩形断面，宽度 20m，上部两侧分别设置 2m 宽浅水区水生植物种植区，水深 0.5m，景观水位高于行洪主槽边墙顶 0.3m。行洪主槽两侧为重力式混凝土边墙，渠底为 0.3m 混凝土。浅水区边墙为混凝土重力式挡墙及表面混凝土仿木桩形成。

3. 隧洞段

隧洞段设计为无压隧洞，断面型式为圆拱直墙型，成洞宽度为 6m，高度为 5.63m。根据泄洪隧洞的地质条件及结构布置，设计采用锚喷支护和钢筋混凝土衬砌两种支护结构，其中衬砌支护为永久支护结构，采用 C25 钢筋混凝土，Ⅲ类、Ⅳ类围岩衬砌厚度均为 0.5m，衬砌结构在围岩均一洞段每 12m 设置环向施工缝，在围岩类别突变处和结构分界处设永久变形缝，缝宽均为 20mm，分缝处设橡胶止水带，分缝材料采用闭孔泡沫塑料板；锚喷支护既作为施工临时支护措施也作为永久结构的支护，根据《水工隧洞设计规范》（SL 279）和《锚杆喷射混凝土支护技术规范》（GB 50086）及其他工程类比确定支护参数如下：

（1）Ⅲ类支护：顶拱布设锚杆 ϕ22，入岩长度为 2.5m，间、排距为 1.2m × 1.2m；局部挂钢筋网 ϕ8@200mm × 200mm，喷射混凝土厚度 15cm。洞身段的Ⅲ类围岩采用Ⅲ类支护。

（2）Ⅳ类支护：顶拱及边墙布设系统锚杆 ϕ22，入岩长度为 2.5m，间、排距为 1.0m × 1.0m；全周挂钢筋网 ϕ8@200mm × 200mm，喷射混凝土厚度 15cm，必要时设置 ϕ200@1000 型钢支撑。闸门控制段、渐变段以及洞身段的Ⅳ类围岩采用Ⅳ类支护。

（3）对地下水发育、岩体破碎段，必要时应采用超前小导管、超前锚杆等支护措施。

隧洞衬砌混凝土浇筑结束后，对衬砌顶拱 120° 范围进行回填灌浆，回填灌浆排距 3m，每排断面设 3 个灌浆孔，灌浆压力为 0.3MPa。

对闸门控制段、渐变段、洞身段的Ⅳ类围岩洞段以及断层破碎带等部位，进行固结灌浆。固结灌浆在回填灌浆后进行，灌浆孔排距 3m，梅花形布置，灌浆孔深度为岩内 2.0m，灌浆压力为 0.5MPa。

（4）渠尾跌水段，断面型式为矩形断面，侧墙为重力式混凝土结构，底板为

30cm厚钢筋混凝土。

（四）分水堰

根据总体规划安排，沿渠道设置2个分水堰，为水系补充生态水量。沿渠道设置2个分水堰，分水堰断面采用宽顶堰型式，堰顶高程与景观水位78.5m齐平，渠道水位超过景观水位，由分水堰提供生态供水，供水量按0.5m³/s设计。堰体采用多孔，每孔堰体宽度0.5m，共12个孔，堰净宽6m，每个隔墩宽0.25m，堰体总宽度8.75m。跌水堰作为景观之一，堰体两端采用肉红色塑石结构，堰体由仿木桩形成，其上每隔0.5m搁置一块天然石块，方便行走。

（五）景观设计

渠道满足行洪的同时，需考虑河岸亲水性、生态、景观及视觉要求，首端断面最大泄量时水位加上0.3m，以此作为景观水位，即78.5m。渠首至泄洪洞进口1150m长度区域内形成景观水面，景观水面由隧洞进口钢坝闸控制，门高4.865m，与泄洪洞等宽6m。平时闸门挡水，水库泄洪时，闸门开启，平卧在底板上，不阻水。

泄洪洞前两岸浅水区景观水深均为0.5m，景观水面外围设置重力式混凝土挡墙，临水面设置混凝土仿木桩，挡墙顶为景观浆砌条石。景观水面宽度25~48m不等。景观水面外侧是2.5m宽人行木栈道，高程78.75m。木栈道外侧有450mm高浆砌料石。

局部采用大块景石替代仿木桩，更接近自然，景观上的变化实现移步异景效果，以减轻视觉疲劳。

渠道沿线设置数个木栈道观景台，木栈道凸入水面2m宽，每个观景台长度10m。景观水面中种植水生植物，并适当点缀景石。渠道右岸水面直接与山脚相接部位，坡面用格宾石笼生态防护。

（六）渠道开挖、回填和地基处理

勘察深度范围地下水发育，施工中需采取有效的排水措施，在排水条件下中砂和圆砾层开挖边坡取1：1.5，石英基岩开挖边坡取1：0.5。对开挖后地基进行压实处理，压实相对密度达到0.7。

景观仿木桩和浆砌石挡墙及料石墙基础均坐落在回填料上，施工过程中应及时清理运走耕植土和素填土，不得回填耕植土和素填土，回填料采用圆砾，并需对回填料进行压实处理，压实后相对密度达到0.7。

四、小结

本工程根据辽宁省国际会议中心总体规划方案要求，需满足棋盘山旅游风景区景观要求、国际会议中心用地要求以及坝下河道防洪要求。坝下河道整治工程本着尽量减少工程占地、不破坏自然环境和节省投资的原则，科学地确定了工程建设方案，总体布置因势利导，设计河道依右岸山体布置，将原5km河道缩短至1.35km，为辽宁省国际会议中心增加项目建设用地300多亩，有效地缓解了项目建设用地紧张问题。工程总体布局科学合理，弥补了棋盘山国际会议中心选址上的缺憾，为国际会议中心提供了用地保障。行洪主槽为30m宽混凝土矩形断面，设计景观水位高出行洪主槽0.5m，巧妙地将行洪主槽混凝土结构隐藏在景观常水位以下。河道左岸为木栈道、木平台、石板路、景石护岸以及岸边浅水区水生植物。右岸水面以上栽种各种珍贵树种、花草，岸边浅水区种植水生植物，景石点缀其间。整个河道看不到钢筋、水泥，代之以水、草、花、树、景石、木栈道和石板路。完全融入周围自然景色之中，防洪排涝与生态景观完美结合。在泄洪隧洞前通过设置钢坝闸对渠道景观水域实现控制。平时，沿线渠道泄洪建筑物均在景观水面线以下，泄洪时，开启钢坝闸门，由平时隐藏在景观水面以下的渠道完成泄放洪水任务。通过坝下河道整治工程，完善了棋盘山水库防洪排涝体系，达到了防洪设计标准，提高了水库坝下河道防洪能力。本工程实现了防洪、排涝、生态、环境、景观、用地完美结合。

河道典型断面图如图8-1所示，河道设计纵断面如图8-2所示，仿木桩浅水区景石及水生植物护岸效果如图8-3所示，木栈道景石护岸效果如图8-4所示，左岸景石木栈道效果如图8-5所示，右岸景石护岸效果如图8-6所示，治理前河道如图8-7所示，施工中河道如图8-8所示，治理后河道如图8-9所示。

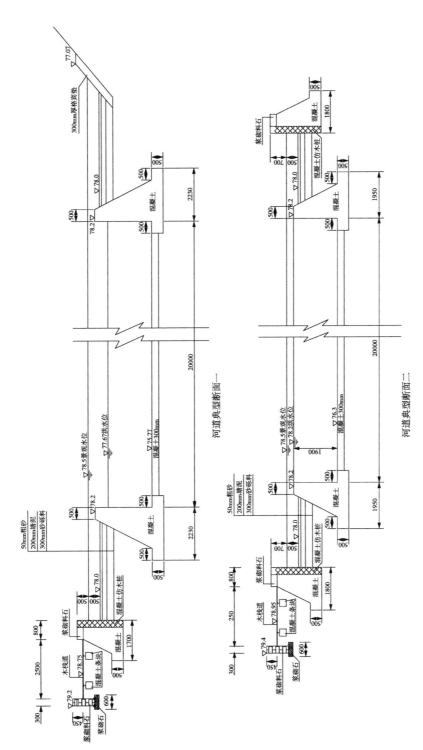

图 8-1　河道设计典型横断面图（尺寸单位：mm；高程单位：m）

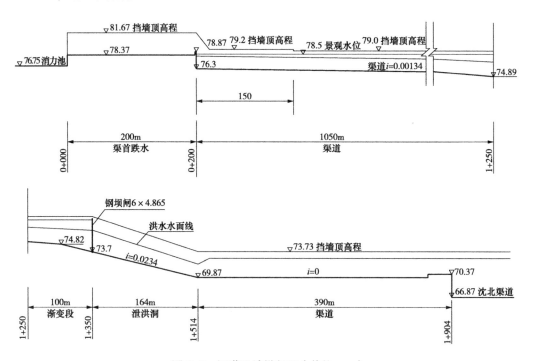

图 8-2 河道设计纵断面（单位：m）

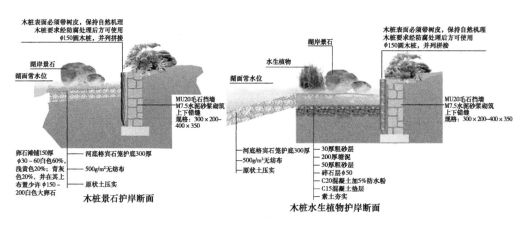

图 8-3 仿木桩浅水区景石及水生植物护岸效果图（单位：mm）

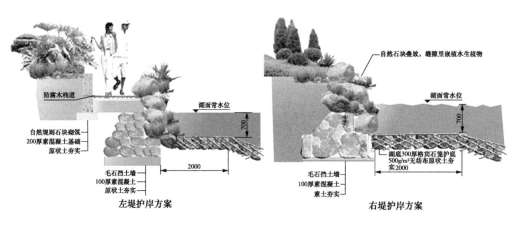

图 8-4 木栈道景石护岸效果图（单位：mm）

图 8-5　左岸景石木栈道效果图　　　　　图 8-6　右岸景石护岸效果图

图 8-7　治理前河道

图 8-8　河道治理施工中

图 8-9 治理后河道

第九章
宜州河义县城区段综合治理工程

一、工程概况

义县位于辽宁省西部，县界东靠医巫闾山与北镇接壤，北邻阜新，西界北票，南与锦州毗连。大凌河横贯境内，是一座融历史之厚重与沿海之文明于一体的新型城市，总面积 2495.85km²，总人口 44 万人，义县县城位于大凌河右岸，现状城区人口12 万人。境内东部医巫闾山山脉，南北绵延近百里，山间多为林丛草地，有"绿色宝库"之称；西部属松岭山脉余脉，地下埋藏着丰富的金属、非金属矿藏；中部为丘陵状平原，是主要农产区。

宜州河位于义县县城东部，全长 17km，流域面积 41km²，流经前杨乡、聚粮屯乡、城关乡和义州镇三乡一镇，于锦阜公路大凌河桥下游汇入大凌河。本次设计范围为宜州河关家屯桥上 380m（3+900）—振兴路桥下 55m（2+240），河道长 1660m。

二、地形地质条件

（一）地形条件

城区段河道全长约 4.87km，位于大凌河南岸，河道宽 15~25m，紧邻 S204 省道，呈"一"字形，自南向北，最终汇入大凌河，河道比降为 1.75‰，勘察期河道干涸，无地表水流。工程区内地形平缓，总体呈南高北低，地面高程 59.69~68.94m。

（二）地质条件

两岸沿线地层岩性自上而下分别为：

第①层：淤泥质粉质黏土，沿河道分布，主要为表层淤积层，灰黑色、黄褐色，含有机质及大量植物根系，迎宾路下游侧河道段含较多生活垃圾，层厚在 0.5m 左右，层底高程 58.76~67.23m。

第②层：粉质黏土，黄褐色，湿~饱和，可塑~硬塑状态。该层沿线均有分布，层厚在 3.3~8.5m 之间，层底高程 56.72~63.68m。

第③层：圆砾，黄褐、灰褐色，饱和，稍密~密实状态。左侧堤基除 YZK13 孔缺失该层外，其余段沿线均有分布；该层层厚 0.5~5.0m，层底高程 55.82~60.21m。

第④层：泥岩、砂岩，红褐、灰褐色，强风化。该地层分布于沿线地区。

本区地下水类型主要为第四系孔隙潜水。地下水补给源主要为大气降水、丰水期河水地表径流及浅层地下径流等浅循环方式补给，以植物蒸腾作用、人工开采、地下径流补给河水（枯水期）等为主要排泄方式。

（三）主要结论与建议

（1）工程沿线无区域性较大断裂构造通过，本区地震动峰值加速度为 0.05g，动反应谱特征周期 0.35s，对应的地震基本烈度为Ⅵ度。

（2）本区地下水为第四系孔隙潜水，地下水位高程 60.00~65.90m。河水对混凝土无腐蚀性，对钢筋混凝土结构中的钢筋无腐蚀性（干湿交替），对钢结构有弱腐蚀性。

（3）已建河堤堤身外部结构良好，堤身土组成成分复杂，以粉土夹卵砾石为主，多呈松散~中密状态，密实性一般，局部透水性较强，堤身较为稳定，质量一般。

（4）河道内相对隔水的粉质黏土层连续分布，最小厚度在 2.0m 左右，属弱透水层，具有较好的防渗性。堤岸及河道由相对不透水的粉质黏土地层组成，受浸没影响较小。

（5）堤基、闸基地质结构为双层结构，粉质黏土、圆砾地层地基承载力均可满足建筑物要求。

（6）闸址区下游侧的粉质黏土层抗冲能力较差，建议对下游侧冲刷段采取适当的防护措施。

（7）土料岩性为粉质黏土，厚度 3.0~5.0m，分布广泛，储量丰富，可满足设计要求；土料各指标基本满足质量要求；砂、碎石料优先采用开挖的砂砾料，不足部分可由料场购买。

（8）本区的标准冻结深度为1.2m。

三、工程任务及总体布置

宜州河城区段综合治理工程包括河道治理工程（包括堤防改建、主槽防护、河道清理）、蓄水工程、供水工程及河道生态工程的建设，提高宜州河防洪能力，改善河道生态环境。

宜州河义县城区段左岸紧邻锦阜公路，不具备扩大河道断面的条件，因此，左岸岸坎维持现状。关家屯桥上380m（3+900）—规划军民路桥（3+400）之间，堤防长度500m，河道维持现有宽度；义县职业技术学校（2+525）—振兴路桥下55m（2+240）之间，堤防长度282m，对右岸堤防加高培厚；规划军民路桥（3+400）—朱瑞路桥之间，堤防长度323m，右岸堤线东移30m；朱瑞路桥—迎宾路桥之间，堤防长度284m，右岸堤线东移60m；迎宾路桥—义县职业技术学校（2+525）之间，堤防长度187m，右岸堤线东移27m，堤防加高培厚。本次工程治理河道总长度1660m，保护范围为义县东部新城区。

河道左岸及右岸关家屯桥上380m（3+900）—规划军民路桥（3+400）之间、义县职业技术学校（2+525）—振兴路桥下55m（2+240）之间，采用重力式混凝土挡土墙防护型式；规划军民路桥（3+400）—义县职业技术学校（2+525）之间，在河道右岸采用重力式混凝土挡土墙结合格宾石笼防护型式。两岸主槽防护长度均为1660m。

本次河道清理工程主要是对河道内杂草、垃圾及淤泥等进行清理，清理长度为1660m，按设计河底进行开挖，大部分断面清理深度0.2m以内，主槽底宽控制在17~22m。

宜州河义县城区段河道治理工程范围为振兴路桥下游55m（桩号2+240）—规划5号钢坝闸下游（桩号3+900），总长度1660m。中间设置两道钢坝闸，分别为规划3号及4号拦河闸，3号钢坝闸位于振兴路桥下游15m（2+280），4号钢坝闸位于朱瑞路桥上游30m（3+100）。

蓄水工程选定为钢坝闸。本次工程范围内共设置2座钢坝闸，分别为3、4号钢坝闸，闸高均为2.0m，长度28.8m。3号钢坝闸位于振兴路桥下游15m（2+280），正常蓄水位 66.49m，蓄水量 2.80 万 m³；4 号钢坝闸位于朱瑞路桥上游 30m（3+100），正常蓄水位 67.70m，蓄水量 2.61 万 m³。

本工程采用渗渠取水形式，在大凌河堤外建一条 DN800 的渗渠，通过渗渠取水汇至堤外集水井内，集水井内设置加压泵，建加压泵房。

水泵加压后，经过输水管道引入宜州河，管线沿规划的锦阜公路辅路边绿化带敷设至朱瑞路，然后沿朱瑞路边绿化带敷设至宜州河内。管道全长 4406m，管材采用球墨铸铁管。

左岸布置绿化带、2 条甬路、堤坡植草绿化带及防护栏。

右岸布置浅滩水面区、水生植物带、绿篱池、甬路、休闲广场、长廊、生态植草护坡、堤内绿化带、堤外绿化带。

四、建筑物设计

根据《堤防工程设计规范》（GB 50286）、《水闸设计规范》（SL 265）规定，结合工程实际工况，确定宜州河治理河段右岸堤防及左岸护岸级别均为 4 级；钢坝闸工程等别为 Ⅳ 等，建筑物级别为 4 级，次要建筑物级别为 5 级，临时建筑物级别为 5 级；生态供水工程等别为 Ⅳ 等，输水管线穿大凌河堤防部分级别为 2 级，取水头部、加压泵站、输水管线其余部分等主要建筑物级别为 4 级，次要建筑物级别为 5 级，临时建筑物级别为 5 级。

右岸堤防及左岸护岸设计洪水标准为 20 年一遇；钢坝闸工程设计洪水标准为 10 年一遇，校核洪水标准为 30 年一遇；取水头部及输水管线设计洪水标准为 10 年一遇，校核洪水标准为 30 年一遇，加压泵站设计洪水标准为 20 年一遇，校核洪水标准为 50 年一遇。

（一）堤防工程设计

1. 堤线确定与河道清理

综合考虑防洪要求及河道生态效果，义县职业技术学院—迎宾路桥之间，堤防长度 187m，堤线东移 27m；迎宾路桥—朱瑞路桥之间，堤防长度 284m，堤线东移 60m；朱瑞路—规划军民路桥之间，堤防长度 323m，堤线东移 30m。本次工程治理河道总长度 1660m。

河道清理工程按设计河底进行开挖，主槽底宽 17~22m，对河道内杂草、垃圾及淤泥等进行清理，河道清理长度 1660m，设计范围内大部分断面清理深度 0.2m 以内。

2. 堤防结构

堤防上部采用 1∶2 坡比草皮护坡土堤防护型式，堤防顶宽 3.0m。

堤防下部采用重力式混凝土挡土墙结构型式，顶宽 0.4，迎水坡基本为直立式，背水坡 1∶0.5，基础埋深 1.2m。挡土墙常水位以上采用浆砌花岗岩料石、白水泥砂浆勾缝饰面。在河道扩出部位，在右岸主槽部位采用重力式混凝土挡土墙辅以临水侧格宾石笼护脚的形式固定右岸岸线，挡土墙顶部低于常水位 0.3m。

（二）河底防渗型式

河道防渗工程，由于蓄水区河道内相对隔水的粉质黏土层最小厚度在 2.0m 左右，属弱透水层，具有较好的防渗性，蓄水区无渗漏问题。为了更好地保证其防渗性能，施工过程中采用碾压压实该层的工程方法，增加其防渗性能（后经补充设计采取土工膜防渗）。

（三）拦河闸工程

考虑宜州河整治工程完成后，城区段能够形成连续水面效果，共布置 5 座拦河蓄水工程，本阶段为保证迎宾路桥—规划军民路桥间重点整治河段的生态效果。3 号钢坝闸位于振兴路桥下游 15m（2+280），4 号钢坝闸位于朱瑞路桥上游 30m（3+100）。

钢坝闸包括上游水平铺盖段，控制闸室段，下游消能海漫段，启闭机室。两闸高度均为 2.0m，长度 28.8m，为保持工程不影响环境，钢坝闸启闭机室位于两岸地下，闸门启闭机设备放于此中，启闭机室上部采用钢盖板封闭。同时，为保证配电设备运行安全可靠性及工程外观完美与生态设计协调一致，在右岸地面设置配电室。

（四）供水工程设计

本阶段宜州河义县城区段河道治理工程生态蓄水水域蓄水量为 5.41 万 m^3。

充水时间按 15 天将坝内水充满，并考虑渗漏、蒸发损失，则供水规模为 4328m^3/d。

夏季按 30 天将坝内水更换一次考虑。春秋季节更换周期可以适当延长，并考虑渗漏、蒸发损失，所以循环水供水规模确定为 2164m³/d。

本工程为景观环境用水，在大凌河堤外建一条 DN800 的渗渠，通过渗渠取水汇至堤外集水井内，集水井内设置 3 台加压泵，其中：1 台充水泵 200QW250-50-75，充水泵流量 250m³/h，扬程 50m，配套电机功率 75kW；2 台循环泵 150QW130-30-22，循环泵为一用一备，循环泵流量 130m³/h，水泵扬程为 30m，水泵单机配套电机功率为 22kW。

泵房加压后，经过 DN250 的输水管道送出，管线主要沿规划的锦阜公路辅路边绿化带敷设至朱瑞路，然后沿朱瑞路边绿化带敷设至宜州河内。管道全长 4406m，管材采用球墨铸铁管。

（五）河道生态工程设计

以防洪为主要功能，在水工建筑物为主体基础之上进行生态工程设计。设计范围为河道左、右岸滩可用区域，左岸以现状公路为边界线，右岸以各交通桥区间段分别增加 27、30、60m 不等宽度。依据用地条件及立地条件，左岸生态工程设计 4 个区间段均为 1 种剖面设计模式，主要为达到以左岸为通透视角对右岸的生态滨水环境效果，进行分重立体与平面布置构图设计；右岸为 4 个区间段分别进行生态工程设计。

左岸以现状交通路为主要观察带，并结合生态与滨水景观效果，依次布置绿化带、甬路、堤坡植草绿化带、甬路及防护栏。

右岸生态工程设计按如下考虑：

第 1 区间段：在现状河岸用地范围内，右岸依次布置绿篱池、甬路、生态植草护坡、堤内绿化带。

第 2 区间段：此区间段右岸增加 27m 宽用地范围。依次为水生植物带、绿篱池、甬路、生态植草护坡、堤内绿化带，本段内另增设了水生植物带，并增加水面宽，其他生态工程设计均与第 1 段一致，达到生态滨水环境统一化。

第 3 区间段：此区间段右岸增加 60m 宽用地范围，即此段为主要生态滨水区与城镇化及功能性相结合的集中段。构思空间感，首以突出"可聚人气、水润则灵、生态纳息"，即在集中面上形成具有一定规模的广场和一定体量可供观赏的水域及采用植被来绿化生态环境，从中配有座台、卫生箱等。生态滨水环境依次为浅滩水面区、亲水栈道、中心广场、绿化带（树阵）。

第 4 区间段：此区间段右岸增加 30m 宽用地范围。依次为水生植物、绿篱池、马道（甬路）、堤外绿化带、生态植草护坡、堤内绿化带，本段内另增设了堤外绿化带，并增加水面宽。

五、工程实施及渗漏处理

宜州河义县城区段综合治理工程于 2015 年 4 月开工，同年 10 月竣工，工程投入运行。

（一）运行过程中发现的问题

1. 水源工程

大凌河下游 2 号橡胶坝不能起坝时，取水工程取明水管道就取不到河道明流表水，只能靠 3 根辐射管取地下水，此时河床内无水，地下水无河床水补给，取水量明显不足。汛期地下水补给充足条件下，实测取水量为 1320m³/d，将河道景观蓄水水域蓄满需 41 天，如果不是汛期时间会更长。

2. 防渗工程

工程修建完成后，于 2015 年 10 月及 2016 年 4 月进行两次蓄水试验，河道蓄水后水位下降较快。渗漏段河床长度约 800m，河道平均宽度约 25m，2016 年 4 月蓄水平均深度约 1.0m，在迎宾路桥上下游侧两处景观工程宽 10~25m。

除去桥基范围，河道长 715m，按 25m 宽度计算水量为 17875m³，迎宾路桥面积为 31m×59m，水量 1829m³，朱瑞桥面积为 30m×23m，水量 690m³，由此估算 2016年蓄水区蓄水总量约为 20000m³。根据水位观测结果，蓄水后渗漏量约为 4000m³/d。

（二）河道渗漏分析及处理

1. 河道渗漏分析论证

（1）地质分析结论。

针对宜州河河道渗漏问题，进行了补充地质检测工作，沿河床在可能渗漏部位交叉布置探坑 23 个。

1）根据试验及计算成果可知，河床段单日渗漏量约为 1477m³，占日损失量的 36.9%。检测期本段河道内地下水位埋深在 1.7m 左右，两岸重力式挡墙基础埋置深度在 1.5~1.7m，因此，河床段存在向两侧水平渗漏的问题，河道内渗漏损失主要为垂向渗漏损失。

2）管线段单日渗漏量约为 1705m³，占日损失量的 42.6%。管线在河道内连续铺设，仅在穿越闸址区范围拐出河道，该处沿管沟回填土层存在渗漏问题，但考虑管沟断面的截面积较小，仅 0.6m² 左右，故该部分渗漏损失可忽略不计。根据现场查勘情况可知，多处供水管道在供水的过程中存在漏水的情况，分析渗漏点应为喷射状出水，该处由于喷射作用，易对土体结构产生破坏，导致该处相对隔水的粉质黏土层变薄，结合注水试验成果可知，管道渗漏段土体的渗透系数均偏大，并且随着后续的管道供水，存在土体破坏范围继续增大、渗漏点增多的可能。因此，管线段为主要渗漏损失部位。

3）桥基段（迎宾路桥、朱瑞桥）单日渗漏量约为 313m³，占日损失量的 7.9%。根据现场坑探结合洛阳铲勘察，两座桥下均有大于 2m 厚的粉质黏土层，且基本保持连续，具有较好的防渗作用。桥基段渗漏量较小，基本可忽略不计，但由于桥下所做的渗漏试验蓄水水头较小，不排除河道整体蓄水后，沿两岸地表以上桥台部位渗漏的可能。

4）3 号闸混凝土盖板连接处根据现场注水试验，该处单日渗流量约为 488m³，占日损失量的 12.2%。根据现场坑探成果表明，该处回填土层厚约 1.2m，含砖、瓦、块石较多，下部粉质黏土层厚约 0.5m，局部夹少量砾石，混凝土盖板坐落于圆砾层之上，圆砾渗透系数较大，为强透水层。因此，推测 3 号闸混凝土盖板与原地层连接处为主要渗漏损失部位。

分区渗漏计算成果如表 9-1 所示。

表 9-1　　　　　　　　　　　　分区渗漏计算成果表

计算分区		面积 A（m²）	渗透系数 K（m/d）	单日渗漏量（m³）	日损失量占比（%）
河床段		17517	0.078	1477	36.9
管线段		358	3.6	1705	42.6
桥基段	迎宾路桥	1829	0.089	210	5.3
	朱瑞桥	690	0.116	103	2.6
3 号闸盖板连接处		125	2.13	488	12.2

（2）河道渗漏水力计算复核。

几处集中渗漏区域均可通过工程修复达到防渗要求，河床渗漏损失占36.9%，渗漏量也是很大的，且此部分分布面积广，影响较大，对其渗漏情况及处理方案进行分析论证如下。

按河床现状渗透系数0.078m/d，参照《渠道防渗工程技术》（SL 18）相关计算公式进行渠道渗漏量复核计算，由于相对不透水层厚度最薄处只有2.0m，考虑防渗层厚度的计算方法能够接近实际工况：

$$S_F=0.0116K_1[(h+\delta_2+h_v)b/\delta_2+2h\sqrt{(1+m^2)}(0.5h+\delta_1+h_v)/\delta_1] \qquad (9-1)$$

式中：S_F——渠道放水后经时间 t 的单公里渗漏量，m^3/s；

K_1——土壤渗透系数，m/d，$K_1=0.078m/d$；

h ——平均水深，m；

b ——渠道底宽度，m，$b=20.35m$（主河道），$b=30.10m$（全断面）；

m ——渠道边坡系数，直立岸坡 $m=0$；

δ_2——渠底防渗层厚度，m，该工程渠底防渗层厚度2m，岸坡也按2m考虑；

δ_1——渠坡防渗层厚度，m；

h_v——防渗层底部的负压；这里 $h_v=0$。

计算结果表明，按河床现状渗透系数0.078m/d，全断面总渗漏量平均水深1m工况下为5591m^3/d；最大水深2m工况下为7416m^3/d，渗漏量均较大。维持水面及渗漏水量补给均有较大问题。

2. 防渗方案补充设计与实施

经比选，采取原河床开挖1.2m深后，将开挖裸露河床碾压平整，然后顺河道水流方向铺设500g/m^2两布一膜防水土工膜，然后，上部将原来河床粉质黏土清除杂质后回填压实。右岸防冲格宾石笼重新铺设，对河床中漏水的输水管线进行修复。2017年春，按照设计方案对河底进行了土工膜防渗施工。经土工膜防渗后，河道蓄水运行良好。

六、效果评价

宜州河义县城区段河道综合治理，解决了现状防洪标准不足、水质污染、绿化效果差、不能满足城市发展需要的问题，使义县宜州河城市段防洪能力达到20年一

遇标准，为城区建设提供了防洪安全保障。为实现城市总体规划的"人文宜居古宜
州，南承北联新义县"的总体发展目标提供了安全保障和环境支持，建设了生态水
景、布置了休闲广场，为城镇居民提供了休闲娱乐的绿色生态河道，实现了人们亲
水、嬉水的美好愿望。配合义县东部新城区建设，达到提高城市防洪标准、美化城市
环境、提高城市品位的治理目标。护岸方案效果如图9-1所示，河道设计典型断面
如图9-2所示，施工完的河道如图9-3~图9-9所示。

直墙式护岸方案(植水生植物)

陡墙式护岸方案(植草护坡)

陡墙式护岸方案(植灌木护坡)

图9-1 护岸方案效果图

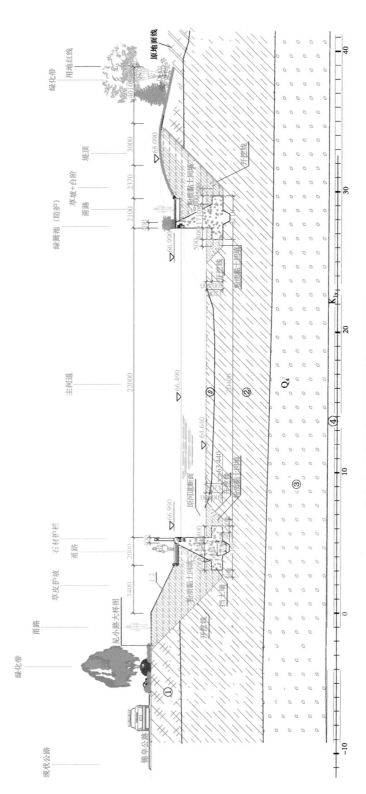

图 9-2 宜州河河道治理设计典型断面图

图 9-3　施工完的河道

图 9-4　铺装完的河岸广场

图 9-5　安装完的钢坝闸

图 9-6　钢坝闸控制房

图 9-7　广场灯

图 9-8　仿木绿篱池

图 9-9　治理后的宜州河夜景

10
CHAPTER 10

第十章
岫岩县东洋河城镇段防洪及拦河蓄水工程

一、工程概况

岫岩满族自治县地处辽东半岛，东邻凤城，西接营口、盖州，南连东港、庄河，北与海城、辽阳接壤。东洋河自西向东流经北洋河公路桥，后顺时针转弯自北向南穿越岫岩县城区，最后与哨子河在哨子河乡附近汇流后汇入大洋河干流。岫岩县城市段分布在东洋河海岫铁路桥—雅河汇流口河段，区间河道全长 8.66km，主城区位于东洋河右岸。

依据《岫岩满族自治县城镇总体规划（1997~2020 年）》，作为城市建设重要安全保障和组成部分的东洋河城镇段防洪工程和拦河蓄水工程的建设，将与东洋河河道整治、污水截流、水上乐园、交通桥梁等工程的建设一起逐步实施。

本次东洋河岫岩县城市段河道防洪治理范围为：左、右岸均从上游铁路桥—下游八棵树。工程主要内容为东洋河右岸堤防长度 5.3km，左岸堤防长度 6.57km，并在该段河道内修建 4 座橡胶坝，形成雍水水面共计约 21.26 万 m^2。

二、地形地质条件

本区在地貌上属于辽东山地丘陵区，山地丘陵与小盆地相间，区内最大的盆地为岫岩县城区，区域内地势由西北向东南逐渐降低。山体受自然剥蚀程度较大，山上植被较发育。小盆地和河谷周边地势较平坦，其上沉积了厚度较小的第四系地层。区内最大的河流为大洋河，由西北流向东南，最后流入黄海。

坝轴线处为"U"字形河谷地貌，河谷宽度为 360~476m，河道平均比降为 1.4‰。

坝基坐落在卵石层上，卵石呈棕黄色，圆—亚圆形，粒径以 2~6cm 居多，最大粒径为 15cm，其中充填少量中粗砂，含少量圆砾。

卵石层透水性较强，渗透系数为 8.6×10^{-4}~9.4×10^{-3}cm/s，渗透性等级为中等透水。

3 号橡胶坝左岸柏油公路外围耕地地面高程较低，地面高程低于蓄水区正常蓄水位，且耕地上部卵石层透水性较强，蓄水后地下水壅高导致耕地区一定范围沼泽化，无法继续耕种。浸没宽度为柏油公路边至东侧 145m，浸没面积为 43210m²。

蓄水对于 3 号橡胶坝右岸及其余橡胶坝左岸耕地及右岸建筑物影响不大。

三、工程任务及总体布置

通过岫岩县东洋河城镇段防洪及拦河蓄水工程建设，提高城镇防洪能力和河道行洪能力；扩大灌面积，增加经济效益；改善城区生态环境，加快旅游业发展。

工程总体布置，右岸堤防长度 5.3km，左岸堤防长度 6.57km，堤防工程共 11870m。该段河道内修建 4 座橡胶坝，形成壅水水面共计约 21.26 万 m²。

1 号橡胶坝坝址位于东洋桥下游约 1008m 处，由拦河橡胶坝、管理房、集水井、引水管道组成，壅水回水至 2 号橡胶坝坝前，控制水面面积 3.75 万 m²。

2 号橡胶坝坝址位于东洋桥下游约 285m 处，距 1 号橡胶坝坝址 723m，由拦河橡胶坝、管理房、集水井、引水渗渠组成，控制水面面积 6.75 万 m²。

3 号橡胶坝坝址位于东洋桥上游约 1120m 处，由拦河橡胶坝、管理房、集水井、引水渗渠组成，控制水面面积 5.08 万 m²。

4 号橡胶坝坝址位于北洋桥上游约 232m 处，由拦河橡胶坝、管理房、集水井、引水管道组成，控制水面面积 5.675 万 m²。

四、建筑物设计

（一）工程等别和标准

考虑到岫岩镇城区的发展，依据《东洋河岫岩县城市段河道防洪规划报告》《岫岩县东洋河城镇段综合整治一期工程可行性研究报告》《岫岩县东洋河城镇段综合整治二期工程可行性研究报告》及其批复以及《堤防工程设计规范》(GB 50286),确定岫岩县主城区的防洪标准为50年一遇。其中:东洋河右岸主城区防洪标准为50年,堤防工程级别2级;东洋河左岸城区防洪标准为20年,堤防工程级别4级。依据《水闸设计规范》(SL 265),确定橡胶坝工程建筑物级别为3级,设计防洪标准为20年一遇,校核防洪标准为50年一遇。本区地震设防烈度为Ⅶ度。

(二)堤防工程设计

1.堤线确定

依据《岫岩满族自治县城镇总体规划(1997~2020年)》所确定的城市范围,以及东洋河河道行洪的自身特点,拟定岫岩县主城区段防洪规划范围为:以东洋河右岸堤防(上起北洋铁路桥右桥头,下与雅河口左岸堤防相接)、雅河左岸堤防(上起石家岭附近雅河桥左岸桥头,下与雅河口处东洋河右岸堤防相连)为防洪屏障,在岫岩县主城区周围形成一个防洪封闭圈。

左岸堤防:从铁路桥左岸桥头开始,沿着左岸山包先行封闭到北洋河公路桥左岸,后沿小支流封闭到小洋河右岸桥头,从小洋河左岸桥头沿着山包向下利用原东洋河左岸堤线,保持堤距在300~400m之间,堤防最后止于下游八棵树。本段堤防总长6570m。

右岸堤防:从铁路桥右岸桥头开始沿着已有堤线向下游平顺连接,最后止于下游八棵树。本段堤防总长5300m。

2.堤防结构型式与断面设计

对扶臂式钢筋混凝土挡土墙和浆砌石混凝土面板重力式挡土墙两种堤防结构型式进行比较,扶臂式钢筋混凝土挡土墙的优点为工程占地较小,工期短,缺点为投资较大;浆砌石混凝土面板重力式挡土墙的优点为可以大量使用当地石料,易于施工,投资较少,缺点为工期长。推荐堤防断面选择浆砌石混凝土面板重力式挡土墙。

根据河道地形、地质条件及城市规划用地、交通等要求,选定东洋河岫岩县城市段两岸浆砌石挡土墙顶宽60cm,迎水坡为直立式,背水坡1:0.4,挡墙后回填砂砾料,形成6m宽堤顶路面便于交通,堤顶路采用沥青路面,路面与地面以1:2.5边坡衔接,并使用草皮防护。

（三）橡胶坝工程设计

1. 坝址确定

根据东洋河综合整治的要求，充分考虑河道自然条件、河道汛期的行洪要求、人工湖运用的水深要求及壅水回水影响范围等因素，经分析计算确定东洋河需设 4 道橡胶坝以满足规划要求。

（1）1 号橡胶坝。1 号橡胶坝坝址位于东洋桥下游约 1008m 处，由拦河橡胶坝、管理房、集水井、引水管道组成，壅水回水至 2 号橡胶坝坝前，控制水面面积 3.75 万 m^2。

（2）2 号橡胶坝。2 号橡胶坝坝址位于东洋桥下游约 285m 处，距 1 号橡胶坝坝址 723m，由拦河橡胶坝、管理房、集水井、引水渗渠组成，控制水面面积 6.75 万 m^2。

（3）3 号橡胶坝。3 号橡胶坝坝址位于东洋桥上游约 1120m 处，由拦河橡胶坝、管理房、集水井、引水渗渠组成；控制水面面积 5.08 万 m^2。

（4）4 号橡胶坝。4 号橡胶坝坝址位于北洋桥上游约 232m 处，由拦河橡胶坝、管理房、集水井、引水管道组成，控制水面面积 5.675 万 m^2。

上述 4 座橡胶坝坝址位置河道相对比较顺直、水流流态平稳，岸坡相对稳定，这样不仅可以避免发生波状水跃和折冲水流、防止有害的冲刷和淤积，而且可使过坝水流平稳，减轻坝袋振动及磨损，延长坝袋寿命。并且，根据尽量不改变河道比降的原则，回水影响范围末端水深均满足大于 0.7m 的要求。

2. 橡胶坝底板高程的确定

为防止推移质泥沙随水流卷入坝袋底部从而增加坝袋的磨损，在坍坝泄洪时，坝袋被泥沙覆盖，管理维修困难，因此，在满足泄洪断面的情况下，除了检修坝段坝底板高程与主河道高程相同，其余坝段坝底板高程比河道高程抬高了 0.5m。据此，1 号橡胶坝检修坝段坝底板高程 71.20m，其余坝段坝底板高程 71.70m；2 号橡胶坝检修坝段坝底板高程 72.70m，其余坝段底板高程 73.20、73.70m；3 号橡胶坝检修坝段坝底板高程 75.00m，其余坝段底板高程 75.50m；4 号橡胶坝检修坝段坝底板高程 77.50m，其余坝段底板高程 78.00、79.00m。

3. 坝长、坝顶高程的确定

（1）坝长的确定。根据《东洋河岫岩县城市段河道防洪规划报告》所述，1 号橡胶坝坝址所在位置的河槽宽 476m，2 号橡胶坝坝址所在位置的河槽宽 470m，3 号橡胶坝坝址所在位置的河槽宽 465m，4 号橡胶坝坝址所在位置的河槽宽 360m。为满足坍坝时河道设计行洪要求，确定坝长等于河槽宽度，1 号橡胶坝坝长 476m，2 号橡胶坝坝长 470m，3 号橡胶坝坝长 465m，4 号橡胶坝坝长 360m。

（2）坝顶高程的确定。依据城市整体规划，在河道上修建拦河坝以形成一片人工水域，满足开发旅游、美化环境、改善自然景观的要求。按照水深要求及参照类似工程，湖水最小水深应不小于 0.7m。考虑橡胶坝需形成连续水面的要求，结合地面高程，确定 1 号橡胶坝坝顶高程为 73.70m，2 号橡胶坝坝顶高程为 76.20m，3 号橡胶坝坝顶高程为 79.00m，4 号橡胶坝坝顶高程为 81.00m。

4. 坍坝水位的确定

4 座橡胶坝坝址所在位置的河槽深度均大于 4.0m，考虑正常运行及一定的超高使溢流水位不漫过堤防，确定最大水深达到 0.5m 时坍坝。

5. 橡胶坝工程布置

（1）1 号橡胶坝工程布置。

1 号橡胶坝坝长 476m，泄流净宽 470m。考虑到坝袋加工、运输和安装的条件，结合充坝时间及检修要求，故整个橡胶坝共分六跨，其中五跨每跨坝长 78.5m，中墩厚 1.0m，为检修方便，坝底板高程比河道高程抬高了 0.5m，则底板高程为 71.7m，顺水流方向长 8.5m，墩顶高程 75.8m。一跨为检修坝段，坝长 77.5m，墩厚 1.5m，底板高程为 71.2m，顺水流方向长 10.5m，墩顶高程 75.8m。橡胶坝底板为 C25 钢筋混凝土结构，厚 0.9m，底板下前后各设一道齿墙以增强坝体抗滑稳定。坝袋为堵头式橡胶坝，采用螺栓锚固。

上游铺盖为钢筋混凝土结构，顺水流方向检修坝段长 5.0m，非检修坝段长 7.0m。铺盖顶高程 71.4m（检修坝段铺盖顶高程 71.2m），厚 0.3m。两侧翼墙高程与橡胶坝边墩同高均为 75.8m。

下游消力池为钢筋混凝土结构，顺水流方向长 13.0m。消力池底板高程 70.5m，厚 0.5m。两侧翼墙高程与橡胶坝边墩同高均为 75.8。

护坦为钢筋混凝土结构，顺水流方向长 12.0m，护坦高程 71.2m，厚 0.35m。两侧翼墙高程与橡胶坝边墩同高均为 75.8m。

海漫为干砌石结构，顺水流方向长 8.0m，海漫高程 71.2m，厚 0.4m，下设 $400g/m^2$ 无纺布反滤层。下游设置长 8.0m、深 1.0m 的防冲槽。

为使工程运行管理安全和方便，使管理区尽量靠近橡胶坝，把管理房布置在坝的左岸。

（2）2号橡胶坝工程布置。

2号橡胶坝坝长470m，泄流净宽465m。橡胶坝共分六跨，为减少开挖量，橡胶坝采用阶梯式布置。1跨和6跨跨长78.5m，中墩厚1.0m。坝底板高程73.7m；2跨和5跨跨长77.0m，中墩厚1.0m。坝底板高程73.2m；3跨和4跨跨长77.0m，中墩厚1.0m。坝底板高程72.7m。橡胶坝底板顺水流方向长10.0m。中墩顶高程77.5m，边墩顶高程78.5m。底板为C20钢筋混凝土结构，厚0.8m，底板下前后各设一道齿墙。坝袋为堵头式橡胶坝，采用楔块锚固。

上游铺盖为钢筋混凝土结构，顺水流方向长7.0m，铺盖高程低于坝底板高程0.3m，铺盖高程分别为73.4、72.9、72.4m，厚0.4m。两侧翼墙高程与橡胶坝边墩同高均为78.5m。

下游消力池为钢筋混凝土结构，顺水流方向长20.2m。消力池底板高程分别为72.2、71.7、71.2m，厚0.7m。两侧翼墙高程与橡胶坝边墩同高均为78.5m。

消力池下游设置长5.6m、深1.3m的防冲槽。两侧翼墙与橡胶坝边墩同高均为78.5m。

为使工程运行管理安全和方便，使管理区尽量靠近橡胶坝，把管理房布置在坝的左岸。

（3）3号橡胶坝工程布置。

3号橡胶坝坝长465m，泄流净宽459m。考虑到坝袋加工、运输和安装的条件，结合充坝时间及检修要求，故整个橡胶坝共分六跨，其中五跨每跨坝长76.5m，中墩厚1.2m，为检修方便，坝底板高程比河道高程抬高了0.5m，则底板高程为75.5m。墩顶高程80.6m，一跨为检修坝段，坝长76.5m，墩厚1.2m，底板高程为75.0m。墩顶高程80.6m。橡胶坝底板顺水流方向长14.0m（检修坝段长16.0m）。底板为C25钢筋混凝土结构，厚1.1m，底板下前后各设一道齿墙以增强坝体抗滑稳定。坝袋为堵头式橡胶坝，采用螺栓锚固。

上游铺盖为钢筋混凝土结构，顺水流方向长7.0m（检修坝段长5.0m），铺盖顶高程75.2m（检修坝段铺盖顶高程75.0m），厚0.3m。两侧翼墙高程与橡胶坝边墩同高均为80.8m。

下游消力池为钢筋混凝土结构，顺水流方向长16.0m。消力池底板高程74.2m，厚 0.7m。两侧翼墙高程与橡胶坝边墩同高均为 80.8m。

护坦为钢筋混凝土结构，顺水流方向长 12.0m，护坦高程 75.0m，厚 0.35m。两侧翼墙高程与橡胶坝边墩同高均为 80.6m。

海漫为干砌石结构，顺水流方向长 10.0m，海漫高程 75.0m，厚 0.4m，下设 400g/m² 无纺布反滤层。翼墙与橡胶坝边墩同高均为 80.6m。下游设置长 8.0m、深 1.0m 的防冲槽。

为使工程运行管理安全和方便，使管理区尽量靠近橡胶坝，把管理房布置在坝的左岸。

（4）4 号橡胶坝工程布置。

4 号橡胶坝坝长 360m，泄流净宽 354m。考虑到坝袋加工、运输和安装的条件，结合充坝时间及检修要求，故整个橡胶坝共分五跨，为减少开挖量，结合地形采用阶梯式布置。台地二跨每跨坝长 66.0m，中墩厚 1.5m，底板高程为 79.0m。墩顶高程 82.6m，主河槽二跨每跨坝长 74.0m，中墩厚 1.5m，底板高程为 78.0m。墩顶高程 82.6m，一跨为检修坝段，坝长 74.0m，墩厚 1.5m，底板高程 77.5m。墩顶高程 82.6m。橡胶坝底板顺水流方向长分别为 9.0m 和 12.0m（检修坝段长 13.5m）。底板为 C25 钢筋混凝土结构，厚 1.0m，底板下前后各设一道齿墙以增强坝体抗滑稳定。坝袋为堵头式橡胶坝，采用螺栓锚固。

上游铺盖为钢筋混凝土结构，顺水流方向长分别为 9.0m 和 6.0m（检修坝段长 4.5m），铺盖顶高程分别为 78.7m 和 77.7m（检修坝段铺盖顶高程 77.5m），厚 0.3m。两侧翼墙高程与橡胶坝边墩同高均为 82.6m。

下游消力池为钢筋混凝土结构，顺水流方向长 17.0m。消力池底板高程分别为 78.0m 和 76.58m，厚 0.6m。两侧翼墙高程与橡胶坝边墩同高均为 82.6m。

护坦为钢筋混凝土结构，顺水流方向长 12.0m，台地护坦高程 78.5m，主河槽护坦高程 77.5m，厚 0.35m。两侧翼墙高程与橡胶坝边墩同高均为 82.6m。

海漫为干砌石结构，顺水流方向长 17.0m，台地海漫高程自 78.5m 按 1∶17 坡度至高程 77.5m，主河槽海漫高程 77.5m，厚 0.4m，下设 400g/m² 无纺布反滤层。翼墙与橡胶坝边墩同高均为 82.6m。下游设置长 8.0m、深 1.0m 的防冲槽。

为使工程运行管理安全和方便，使管理区尽量靠近橡胶坝，把管理房布置在坝的左岸。

岫岩东洋河橡胶坝工程特性见表 10-1。

表 10-1

岫岩东洋河橡胶坝工程特性表

类别	单位	1号橡胶坝		2号橡胶坝		3号橡胶坝		4号橡胶坝		
坝顶高程	m	73.7	73.7	76.2	76.2	79.0	76.0	81.0	81.0	78.5
底板高程	m	71.7	71.2	73.7	73.2	75.5	75.0	79.0	78.0	77.5
底板厚	m	0.90		0.8		1.10		1.00		
坝高	m	2.0	2.5	3.0	3.5	3.5	4.0	2.0	3.0	3.5
坝总长	m	476		470		465		360		
中墩顶高程	m	75.6		77.5		80.8		82.6		
中墩厚度	m	1.0	1.5	1.0		1.2		1.5		
中墩长度	m	7.0	9.5	10.0	10.0	11.0	15.0	8.0	10.0	12.5
跨数		5	1	2	2	5	1	2	2	1
每跨长	m	78.5	77.5	77.0	77.0	76.5	76.5	66.0	74.0	74.0
内压比		1.40	1.40	1.3	1.3	1.30	1.25	1.40	1.30	1.60
上游防冲槽宽度	m	2.0	2.0	2.0		2.0		2.0		
上游防冲槽长度	m	476	476	470		465		360		
钢筋混凝土铺盖高程	m	71.4	71.2	73.4	72.9	75.2	75.0	78.7	77.7	77.5

续表

类别	单位	1号橡胶坝	2号橡胶坝	3号橡胶坝	4号橡胶坝
钢筋混凝土铺盖宽度	m	7.0　5.0	8.0	7.0　5.0	9.0　6.0　4.5
钢筋混凝土铺盖长度	m	476	470	465	360
钢筋混凝土消力池池长	m	13.0	20.2	16.0	17.0
钢筋混凝土消力池池深	m	0.5	0.6	0.8	0.5　0.92
钢筋混凝土护坦高程	m	71.2	71.5　71.0	75.0	78.5　77.5
钢筋混凝土护坦宽度	m	12.0		12.0	12.0
钢筋混凝土护坦长度	m	476	158　156	465	360
块石海漫高程	m	71.2	71.0	75.0	77.5
块石海漫宽度	m	8.0	5.6	10.0	17.0
块石海漫长度	m	476	156	465	360
下游防冲槽底高程	m	70.2	71.0　70.5	74.0	76.5
下游防冲槽宽度	m	8.0	5.6	8.0	8.0
下游防冲槽长度	m	476	158　156	465	360
岸墙顶高程	m	75.8	78.5	80.6	82.6

6. 橡胶坝设计

坝袋充胀介质采用充水式橡胶坝,橡胶坝坝袋为彩色橡胶制作,采用螺栓锚固。

(1)坝袋强度计算及坝袋胶布的选用。

参照《橡胶坝技术规范》(SL 227)对橡胶坝坝袋进行强度计算,计算结果见表10-2。

表 10-2　　　　　　　　　　坝袋强度及坝袋胶布选用表

坝袋	1.0m 坝袋	2.0m 坝袋	2.5m 坝袋	3.0m 坝袋	3.5m 坝袋	4.0m 坝袋
径向拉力(kN/m)	5.5	18.0	28.125	36.0	49.0	60.0
中部纬向拉力(kN/m)	5.5	18.0	28.125	36.0	49.0	60.0
胶布强度(kN/m,经/纬)	60/60	200/200	280/280	360/360	520/520	600/600
安全系数 K(经/纬)	10.9/10.9	11.1/11.1	9.96/9.96	10/10	10.6/10.6	10/10
坝袋型号	JBD1.0–60–1	JBD2.0–200–1	JBD2.5–140–2	JBD3.0–180–2	JBD3.5–260–2	JBD4.0–300–2

(2)坝袋有效周长。

采用双锚固线的坝袋,分为坝袋有效周长和底垫片有效长度两部分。按《橡胶坝技术规范》(SL 227)计算并考虑坝袋和底垫片加工时所需的锚固长度,坝袋及底垫片长度计算结果见表10-3。

表 10-3　　　　　　　　　　每延米坝袋及底垫片长度计算表

坝袋	1.0m 坝袋	2.0m 坝袋	2.5m 坝袋	3.0m 坝袋	3.5m 坝袋	4.0m 坝袋
坝袋有效周长(m)	3.1863	6.7218	8.4023	10.5858	12.3501	14.6244
底垫片有效长度(m)	1.3018	3.2350	4.0438	5.6358	6.5751	8.2460
单侧堵头面积(m²)	1.3584	6.212	9.706	15.4836	21.0749	29.448

续表

坝袋	1.0m 坝袋	2.0m 坝袋	2.5m 坝袋	3.0m 坝袋	3.5m 坝袋	4.0m 坝袋
锚固长度（m）	0.4×2	0.4×2	0.4×2	0.4×2	0.4×2	0.4×2
坝袋总长（m）	3.9863	7.5218	9.2023	11.3858	13.1501	15.4244
底垫片总长（m）	2.1018	4.0350	4.8438	6.4358	7.3751	9.0460

（3）坝袋结构设计。

按《橡胶坝技术规范》（SL 227）坝袋胶布技术设计标准，选用二布三胶。内层胶厚 2.0mm，夹层胶厚 0.5mm，表层胶厚 2.5mm，骨架材料为锦纶帆布二层，单层厚为 1.3mm，设计胶布总厚度为 6.3mm，堵头胶布选用一布二胶，坝袋锚固型式选用螺栓锚固型式。

（4）坝袋充胀容积计算。

由《橡胶坝技术规范》（SL 227）查表得单宽坝袋的充水容积，计算结果见表10-4。

表 10-4　　　　　　　　　　单宽坝袋的充水容积计算表

坝袋	1.0m 坝袋	2.0m 坝袋	2.5m 坝袋	3.0m 坝袋	3.5m 坝袋	4.0m 坝袋
充水容积（m³/m）	1.3584	6.212	9.706	15.484	21.075	29.448

7. 泄流能力计算

（1）橡胶坝溢流能力计算。

为防止橡胶坝袋在共振区运行，根据规范坝上溢流水深控制在 0.3m，依据《橡胶坝技术规范》（SL 227），在不同坝高时的泄流量按下列公式计算：

$$Q = \delta \varepsilon m B \sqrt{2g} h_0^{3/2} \qquad (10\text{-}1)$$

式中：Q——过坝流量，m³/s；

δ——淹没系数，橡胶坝中 δ=1.0；

ε——淹流侧收缩系数，橡胶坝中 ε=1.0；

m——流量系数；

B——泄流坝宽，m；

h_0——计入行近流速的堰顶水头，m。

流量系数 m ：

$$m = 0.163 + 0.0913\frac{h_1}{H} + 0.0951\frac{H_0}{H} + 0.0037\frac{h_2}{H}$$ （10-2）

式中：H_0——坝袋内压水头，m；

H——运行时坝袋充胀的实际坝高，m；

h_1——坝上游水深，m；

h_2——坝下游水深，m。

4 座橡胶坝溢流能力计算结果见表 10-5。

表 10-5　　　　　　　4 座橡胶坝坝址上游水位与最大溢流量

项目	1 号橡胶坝	2 号橡胶坝	3 号橡胶坝	4 号橡胶坝
溢流坝宽（m）	470	465	459	354
坝下游水深（m）	0.403	0.403	0.403	0.534
流量系数（m）	0.4	0.4	0.4	0.4
最大溢流量（m³/s）	136.59	135.03	133.34	103.06

（2）橡胶坝泄流能力计算。

当坝上水深超过 0.5m 时，橡胶坝坍坝开始泄洪，视作宽顶堰，泄流量仍按式（10-1）计算，但 m 取 0.35，计算结果见表 10-6，满足河道泄洪要求。

表 10-6　　　　　　　4 座橡胶坝坝址下游 100m 水位与最大泄量

坝号	洪水频率	水位（m）	泄量（m³/s）
1 号	设计洪水位（P=5%）	74.18	2990
	校核洪水位（P=2%）	74.86	4110
2 号	设计洪水位（P=5%）	75.37	2990
	校核洪水位（P=2%）	76.01	4110

续表

坝号	洪水频率	水位 （m）	泄量 （m³/s）
3 号	设计洪水位（P=5%）	77.90	2990
	校核洪水位（P=2%）	78.50	4110
4 号	设计洪水位（P=5%）	81.14	2990
	校核洪水位（P=2%）	81.89	4110

8. 消能防冲设计

（1）控制工况选定。

当河道流量较大时，橡胶坝处于坍坝状态，建在河道上的橡胶坝，一般采用底流消能，随着橡胶坝坍坝，若上游水位不变，流量随橡胶坝落而增大，下游水深也逐渐升高，按（h''_c–h_t）为最大值的工况进行下游消能防冲计算。

（2）1 号橡胶坝消力池计算。

经计算，橡胶坝坝袋单孔坍坝时，（h''_c–h_t）为最大值，计算成果见表 10–7。

表 10–7　　　　　　　　　1 号橡胶坝消力池计算成果表

坝高 （m）	1.5	1.0	0.5
单宽流量 （m³/s）	1.769	3.249	5.002
下游水深 （m）	0.583	0.731	0.885
池深 （m）	0.684	0.556	0.209
水跃长 （m）	9.406	11.203	11.285
消力池长 （m）	10.991	11.826	10.500

根据表 10–7 中成果，1 号橡胶坝消力池深度取 0.7m，消力池长度取 12.0m。

同样方法计算，2 号橡胶坝消力池深度取 0.6m，消力池长度取 20.2m。3 号橡胶坝消力池深度取 0.8m，消力池长度取 15.0m。4 号橡胶坝消力池深度取 0.92m，消力池长度取 17.0m。

（3）消力池底板厚度计算。

消力池底板厚度根据抗冲和抗浮计算，采用《水闸设计规范》（SL 265）中公式：

抗冲：
$$t = K_1 \sqrt{q \sqrt{\Delta H'}} \qquad （10-3）$$

抗浮：
$$t = K_2 \frac{U - W \pm P_m}{\gamma_b} \qquad （10-4）$$

式中：q ——过坝单宽流量，m^3/s；

K_1 ——消力池底板计算系数，可采用 0.15~0.2；

$\Delta H'$ ——坝泄水时的上、下游水位差，m；

K_2 ——消力池底板安全系数，可采用 1.1~1.3；

U ——作用在消力池底板底面的扬压力，kPa；

W ——作用在消力池底板顶面的水重，kPa；

P_m ——作用在消力池底板上的脉动压力，kPa；

γ_b ——消力池底板的饱和重度，kN/m^3。

计算结果见表 10-8。

表 10-8   **橡胶坝消力池底板厚度表**

项目	1号橡胶坝	2号橡胶坝	3号橡胶坝	4号橡胶坝
消力池底板厚度（m）	0.5	0.7	0.7	0.6

消力池采用钢筋混凝土结构，除 2 号橡胶坝混凝土标号为 C20 外，其余橡胶坝混凝土标号均为 C25。消力池与底板以 1∶4 的陡坡相连，在消力池平段设排水孔，孔径 50mm，孔距 1.5m，排距 1.5m，呈梅花形布置。

（4）渗流稳定计算及上游铺盖设计。

防渗长度计算采用《水闸设计规范》（SL 265）中公式：
$$L = C\Delta H \qquad （10-5）$$

式中：L ——防渗长度，m；

C ——允许渗径系数，卵石采用 3；

ΔH ——上、下游水位差，m。

上游铺盖长度是根据防渗长度扣除坝底板长度而确定。计算结果见表 10-9。

表 10-9 橡胶坝防渗长度及铺盖长度表

项目	1 号橡胶坝	2 号橡胶坝	3 号橡胶坝	4 号橡胶坝
防渗长度（m）	7.5	10.5	12	10.5
铺盖长度（m）	7.0	8.0	7.0	6.0

（5）下游海漫设计。

下游海漫计算采用《水闸设计规范》（SL 265）中公式：

$$L_P = K_s \sqrt{q_s \sqrt{\Delta H'}} \qquad (10\text{-}6)$$

式中：K_s——海漫长度计算系数，参照地质报告，K_s 取 12.0；

q_s——消力池末端单宽流量，m^3/s。

计算结果见表 10-10。

表 10-10 橡胶坝海漫长度表

项目	1 号橡胶坝	3 号橡胶坝	4 号橡胶坝
海漫长度（m）	20	22	29

（6）下游防冲槽设计。

河床冲刷深度计算采用《水闸设计规范》（SL 265）中公式：

$$d_m = 1.1 \frac{q_m}{[v_0]} - h_m \qquad (10\text{-}7)$$

式中：d_m——海漫末端河床冲刷深度，m；

q_m——海漫末端单宽流量，m^3/s；

$[v_0]$——河床土质允许不冲流速，m/s；

h_m——海漫末端河床水深，m。

防冲槽结构计算：

$$b = \frac{K\sqrt{m+1}\, d_m t - \frac{1}{2}(m_1 + m_2)h^2}{h} \qquad (10\text{-}8)$$

式中：h ——防冲槽砌置深度，m；

t ——冲刷坑上游铺砌厚度，常取 0.4~0.6m；

m_1、m_2——防冲槽上、下游边坡系数，常取 m_1=2~3，m_2=3；

m ——冲刷坑上游边坡系数，常取 m=3~6；

K ——考虑块石在水流作用下铺砌不均匀的安全系数，常取 K=1.1~1.3。

计算结果见表 10-11。

表 10-11 橡胶坝防冲槽结构表

项目	1 号橡胶坝	2 号橡胶坝	3 号橡胶坝	4 号橡胶坝
防冲槽长度（m）	8.0	5.6	8.0	8.0
防冲槽深度（m）	1.0	1.3	1.0	1.0

9. 坝体稳定计算

（1）确定坝底板长度。

坝底板长度按《橡胶坝技术规范》（SL 227）确定：

$$L_d = L + l_1 + l_2 + l_3 \qquad (10-9)$$

式中：L_d ——底板顺水流方向的长度，m；

L ——坝袋底垫片有效长度，m；

l_1、l_2——上、下游安装、检修通道，m；

l_3 ——坝袋坍落贴地长度，m。

计算结果见表 10-12。

表 10-12 橡胶坝底板长度表

项目	1 号橡胶坝		2 号橡胶坝	3 号橡胶坝		4 号橡胶坝		
	正常坝段	检修坝段		正常坝段	检修坝段	正常坝段 1	正常坝段 2	检修坝段
底板长度（m）	8.5	10.5	10.0	14.0	16.0	9.0	12.0	13.5

（2）底板稳定计算。

设计条件：上游水深齐坝顶，下游无水。

底板抗滑稳定计算：

$$K_c = \frac{f \times \sum G}{\sum H} \geq [K_c] \qquad (10\text{--}10)$$

式中：K_c ——计算抗滑稳定安全系数；

　　　f ——坝基底面与基础之间的摩擦系数；

　　　$\sum G$——作用在坝底板上的全部竖向荷载之和；

　　　$\sum H$——作用在坝底板上的全部水平荷载之和；

　　　$[K_c]$——基础底面允许抗滑稳定安全系数，$[K_c]$=1.25。

计算结果见表 10-13。

表 10-13　　　　　　　　　　　橡胶坝稳定计算表

名称	坝高（m）	抗滑稳定安全系数 K_c	允许抗滑稳定安全系数 $[K_c]$
1 号橡胶坝	2.0	1.271	1.25
	2.5	1.274	1.25
	2.5	1.273	1.25
2 号橡胶坝	3.0	1.305	1.25
	3.5	1.283	1.25
3 号橡胶坝	3.5	1.29	1.25
	4.0	1.33	1.25
4 号橡胶坝	2.0	1.28	1.25
	3.0	1.28	1.25
	3.5	1.32	1.25

根据表 10-13 中成果，橡胶坝抗滑稳定安全系数均大于允许抗滑稳定安全系数，满足要求。

（3）坝基应力计算。

坝基底应力由式（10-11）确定：

$$\sigma_{\substack{max \\ min}} = \frac{\sum W}{T} \pm \frac{6\sum M}{T^2}$$

（10–11）

式中：T ——坝底宽；

$\sum W$——垂直力的总和（向下为正，向上为负）；

$\sum M$——全部垂直力和水平力对计算截面形心的力矩。

计算结果见表 10–14。

表 10–14　　　　　　　　　　　橡胶坝应力计算表

名称	坝高（m）	基底应力（kPa）						基底允许应力 [σ]（kPa）	允许不均匀系数 [η]
		完建期			正常蓄水位				
		σ_{max}	σ_{min}	η	σ_{max}	σ_{min}	η		
1号橡胶坝	2.0	24.79	24.79	1.0	19.93	14.85	1.34	280	2.0
	2.5	24.36	24.36	1.0	25.40	15.28	1.66	280	2.0
2号橡胶坝	2.5	22.94	22.94	1.0	18.4	16.6	1.11	280	2.0
	3.0	23.18	23.18	1.0	29.6	17.4	1.70	280	2.0
	3.5	23.73	23.73	1.0	38.7	19.7	1.97	280	2.0
3号橡胶坝	3.5	28.89	28.89	1.0	29.51	20.13	1.47	280	2.0
	4.0	28.72	28.72	1.0	34.13	20.59	1.66	280	2.0
4号橡胶坝	2.0	27.17	27.17	1.0	18.31	14.54	1.26	280	2.0
	3.0	26.63	26.63	1.0	26.55	17.71	1.50	280	2.0
	3.5	26.44	26.44	1.0	33.49	17.62	1.90	280	2.0

计算表明，基底压力小于地基承载力，基底压力不均匀系数小于规范允许值。

10. 湖区防渗处理设计

（1）湖区浸没情况地质评价。

1号橡胶坝蓄水区东岸为少量耕地和公园。其中，耕地上部地层为卵石层，蓄水后耕地地下水位达到73.3m，耕地最低点高程为74.07m，植物根系生长层厚度为0.3m，耕地不会产生浸没。公园内地面高程为74.99~75.20m，蓄水后公园内地下水位达到73.3m，公园地面不会发生浸没。蓄水区西岸为城区，建筑物地面高程为

76.2~78.3m，蓄水后对建筑物地基影响不大。

3号橡胶坝蓄水区东岸，桩号1+340~1+763段，岸边为柏油公路，路面高程81.04~81.88m，柏油公路外围为耕地，地面高程为75.43~82.51m；桩号1+673~北洋河桥段，岸边为土路，路面高程为79.25~83.53m，土路外围为丘陵。从地形分析，在桩号1+340~1+638段，柏油公路外围耕地地面高程低于正常蓄水位（78.9m），蓄水后可导致耕地一定范围沼泽化。浸没宽度为柏油公路边至东侧145m，面积为43210m²。蓄水区西岸，岸边为柏油公路，路面高程为81.40~83.03m，柏油公路外围为城区，建筑物地面高程由坝线向北侧逐渐升高为79.73~83.05m。蓄水后地下水壅高达到78.9m，对建筑物地基影响不大。

（2）防渗处理方案。

根据地质情况和需要达到的防渗处理效果，对3号橡胶坝左岸浸没范围采取自地面至强风化岩按1：1.5坡度向下铺设土工膜防渗的设计方案。

对浸没区铺设土工膜防渗，施工简单，造价较低，在不破坏地下水平衡关系的条件下，采用土工膜防渗设计是可行的。

土工膜采用两布一膜，渗透系数控制在小于 1×10^{-12} cm/s。开挖后的河床需进行平整碾压，清除尖角石块，要求不平整度小于2cm。

3号橡胶坝左岸，需在距现有浆砌石挡墙6.0m的湖区内按1：1.5坡度向下铺设土工膜，再采用水平铺设土工膜与现有浆砌石挡墙连接。水平铺设土工膜上敷保护层0.5m厚块石。

11. 管理房设计

（1）1号橡胶坝管理房。

1号橡胶坝管理房位于岫岩县城东洋河桥下游约1008m。附属泵房及管理用房内设办公室、值班室、微机控制室、柴油发电机室、储油间、低压配电室、变压器室、地下阀室及水泵间、地上阀室及水泵间、吸水间、水箱间、仓库、会议室、厨房、餐厅、卫生间等设备用房及管理用房。总建筑面积为779.0m²，其中：地下阀室及水泵间的建筑面积为180.0m²；地上设备用房及管理用房建筑面积为599.0m²。泵房内设一台3t手动单梁吊车。室内地面设计标高为 ±0.000m，相当于绝对标高76.250m。室外地坪为 –0.450m，相当于绝对标高75.800m。室内外高差为0.450m。其工程地上部分主体为二层，局部为一层；一层、二层层高均为3.600m；建筑总高度为

9.450m。其工程地下部分深9.250m。地上部分结构形式为框架结构；地下部分结构形式为现浇钢筋混凝土结构。

（2）2号橡胶坝管理房。

2号橡胶坝管理房位于岫岩县城东洋河桥下游285m。附属泵房及管理用房内设办公室、值班室、微机控制室、柴油发电机室、储油间、低压配电室、变压器室、地下阀室及水泵间、地上阀室及水泵间、吸水间、水箱间、仓库、会议室、厨房、餐厅、卫生间等设备用房及管理用房。总建筑面积为1245.53m²，其中：地下阀室及水泵间的建筑面积为253.04m²；地上设备用房及管理用房建筑面积为992.49m²。泵房内设一台3t手动单梁吊车。室内地面设计标高为±0.000m，相当于绝对标高78.800m。室外地坪为-0.300m，相当于绝对标高78.500m。室内外高差为0.300m。其工程地上部分主体为三层，局部为一层、二层；一层层高为3.600m；二层、三层层高均为3.300m；建筑总高度为12.900m。其工程地下部分深分别13.900、6.900m。地上部分结构形式为框架结构，地下部分结构形式为现浇钢筋混凝土结构。

（3）3号橡胶坝管理房。

3号橡胶坝管理房位于鞍山市岫岩县城东洋河桥上游约1120m。附属泵房及管理用房内设办公室、值班室、微机控制室、柴油发电机室、低压配电室、变压器室、地下阀室及水泵间、吸水间、水箱间、仓库、会议室、厨房、餐厅、卫生间等设备用房及管理用房。总建筑面积为1232.22m²，其中，附属泵房的建筑面积为219.64m²；为半地下结构，地上部分结构形式为框架结构，地下部分结构形式为现浇钢筋混凝土结构，附属泵房工程地上部分主体为一层，层高为6.300m；建筑总高度为7.200m，地下部分深12.540m，泵房内设一台3t手动单梁吊车。设备用房及管理用房建筑面积为1012.58m²，结构形式为框架结构，室内地面设计标高为±0.000m，相当于绝对标高81.04m。室外地坪为-0.450m，相当于绝对标高80.59m，室内外高差为0.450m，工程主体为二层，层高均为4.200m；建筑总高度为9.750m。

（4）4号橡胶坝管理房。

4号橡胶坝管理房位于鞍山市岫岩县城北洋河桥上游约232m，附属泵房及管理用房内设办公室、值班室、微机控制室、柴油发电机室、低压配电室、变压器室、地下阀室及水泵间、吸水间、水箱间、仓库、会议室、卫生间等设备用房及管理用房。总建筑面积为728.24m²，其中，附属泵房的建筑面积为178.36m²；为半地下结构，地上部分结构形式为框架结构，地下部分结构形式为现浇钢筋混凝土结构，附属泵房工程地上部分主体为一层，层高为 6.900m；建筑总高度为 7.700m，地下部分深 9.00m，泵房内设一台 3t 手动单梁吊车。设备用房及管理用房建筑面积为 549.88m²，结构形式为框架结构，室内地面设计标高为 ±0.000m，相当于绝对标高 83.10m。室外地坪为 -0.300m，相当于绝对标高 82.80m，室内外高差为 0.300m，工程主体为二层，层高分别为 3.600、3.300m；建筑总高度为 7.700m。

五、工程实施及设计变更

该项目设计开始于 2006 年 1 月，2008 年 4 月开工建设，2008 年 11 月主体工程完工。2009 年 7 月投产使用，2009 年 9 月竣工验收。

岫岩县东洋河原 4 号橡胶坝工程位于北洋桥上游约 232m 处，为该河段四级橡胶坝的第一级。为解决 4 号橡胶坝回水范围内对右岸景观滩地淹没以及对周边的浸没影响，应建设单位要求，在满足原有设计标准的前提下，对原 4 号橡胶坝结构进行设计变更。

通过对防洪安全、回水水面线计算、景观效果和运行管理等因素进行分析，确定采用实体低堰分三级将水面抬至 80.60m 高程，随地面高程的变化，减少淹没最大水深达 2.5m。三级低堰挡水高程分别为 79.20、79.70、80.60m。

该方案优点：①实体低堰与河道主槽护岸相结合，保护右岸大片林木岸滩，使河床最大可能地接近原生态景观，满足亲水性和观赏性；②可以有效拦截推移泥沙，减轻泥沙对下游橡胶坝影响，改善下游三座橡胶坝运行条件；③降低岸边浸渗影响；④施工方便、使用寿命长。

该方案缺点：①因泥沙淤积，清淤工作量增大；②实体堰抬高河道洪水水位，左岸堤防需要加高。

三道低堰工程布置：均采用折线型堰，上游堰面直立，下游堰面 1：1.0，堰顶顺水流长度 1.0m。上游铺盖顺水流长度 5.0m，为钢筋混凝土结构，厚 0.4m。第一道低堰顺水流长度 5.4m，第二道低堰顺水流长度 5.05m，第三道低堰顺水流长度 5.5m。均为钢筋混凝土结构，护坦厚 0.4m。下游抛石防冲槽顺水流长度 3.4m，埋置深度 0.8m。

六、小结

该工程每座橡胶坝均为六跨，沿着橡胶坝坝轴线方向采用不同的底板高程，适应天然河道的地形条件，1、3号橡胶坝采用一跨降低底板0.5m，前设1m高检修坝袋，使坝袋及底板检修更方便。

通过堤防工程建设，使右岸主城区防洪标准达到50年一遇，左岸城区防洪标准达到20年一遇，提高了两岸居民和工农业生产抵御洪水侵袭能力。通过蓄水工程建设，极大地提升和改善了沿河地带人居环境，达到景观和防洪的协调、工程设施和周围环境的协调。蓄水水面建成后，使城区空气相对湿度有所增加，沿湖两岸已形成区域小气候，空气有明显的新鲜感。实现了碧水蓝天、绿树成荫、人水和谐的环境效益。该工程的建设对完善城市功能，提升城市品位，塑造城市形象，具有十分重要的意义，收到了显著的经济效益、社会效益和生态环境效益。建成后工程效果如图10-1所示。

图 10-1　建成后工程效果

11

CHAPTER 11

第十一章
鞍山市南沙河综合治理工程

一、工程概况

鞍山南沙河发源于千山仙人台，南与海城河相邻，东为汤河。它是流经鞍山市城区的最大河流，上游有大孤山、千山、眼前山、胡家庙、金家岭和风水沟等 6 条较大支流，于陈家台桥上游先后汇入主流，其中以千山溪流为主河道。流域面积 458km²，立山水文站以上属山丘区，流域面积 330km²，占全流域的 72%，立山水文站以下为平原区，流域面积 128km²，河道全长 67km，在鞍山境内 41km。

南沙河河源是千山风景区仙人台，高程 708.3m，植被较好，名胜古迹较多，是我国著名的旅游胜地，向下游经沈大高速公路入辽阳县境内，于辽阳县南坨子汇入太子河，河宽一般 80~100m。南沙河鞍山市区段河长 13km，现有左岸浆砌石堤防 8km，右岸无堤防，现状过流能力 800~900m³/s，防洪标准 10~20 年一遇。本次治理范围为南沙河哈大铁路桥—七号桥段。

二、地形地质

两岸规划堤线穿越的地貌较简单，左岸主要为旧堤和现有岸坡。右岸除劳动桥至汇流口段为民房、工厂、学校等，其他均为现有岸坡。陈家台桥下游左岸及劳动路桥下游右岸为已有堤段，经钻孔揭露及原位测试，原堤身土成分复杂，多为杂填土，由黏性土、砂、碎石、卵砾石及砖块等组成。目前运行良好，可继续使用。

两岸拟建堤防地基地层岩性较简单，地质结构以单一结构为主，即砂卵砾石层；陈家台下游段存在双层结构，即黏性土和砂卵砾石。承载力较高，工程地质条件较好。应注意大量乱掘坑、塘等对堤基稳定的影响。堤基土无液化问题。

建议彻底清除已被回填的塘、坑内的杂填土，并选用颗粒较均匀的砂卵砾石，对塘、坑进行专门回填处理。

根据钻孔揭露情况，各建筑物地基土工程地质条件较好，承载力较高，稳定性强。建议对直接坐落在砂卵砾石上的较大建筑物应考虑渗透变形对稳定的影响。建筑物地基土无液化问题。

河水对混凝土无腐蚀性，对钢结构有弱腐蚀性。各排污口流入的污水，均浑浊、腥臭，一般对混凝土无腐蚀性，个别具有弱~中等腐蚀性，对钢结构弱~中等腐蚀性。

筑堤土料场，土料质量较好，总储量约 182.92 万 m^3，满足设计用量要求。

砂砾石料各料场各项指标均合格，质量较好。总储量约 153.8 万 m^3，满足本阶段设计用量要求。

各料场采运条件较好，使用方便。

砂砾石层为整个场区的主要含水层，中等~强透水。渗透变形为管涌型，允许水力比降 0.15。勘察期间两岸地下水补给河水。

场区地震基本烈度为Ⅶ度。场地土类型为中硬场地土。

场区标准冻结深度 1.2m。

三、工程任务及总体布置

鞍山南沙河哈大铁路桥—七号桥段综合治理工程包括堤防工程、清滩工程、穿堤建筑物工程及橡胶坝工程。

（一）堤防工程

左岸堤防起点为哈大铁路桥（0+000），终点为七号桥上游 1126m 处的山脚公路（11+462），全长 11462m。其中，哈大铁路桥—陈家台桥（4+448）段堤长 4448m，利用现有浆砌石堤防；陈家台桥（4+448）—七号桥上游山脚公路（11+462）段堤长 7014m，新建均质土堤。

右岸堤防起点为哈大铁路桥（0+000），终点为七号桥上游 1109m 处的环市铁路桥（11+877），全长 11877m。其中，哈大铁路桥（0+000）—劳动桥（0+358）段堤长 358m，利用现有浆砌石堤防；劳动桥（0+358）—陈家台桥（4+184）段堤长 4184m，新建均质土堤；陈家台桥（4+184）—七号桥上游环市铁路桥（11+877）段堤长 7335m，新建均质土堤。

（二）清滩工程

哈大铁路桥—陈家台桥河段清滩河长 5km，自哈大铁路桥至陈家台桥上游约 750m 处与天然河岸相接。七号桥河道取直段开挖河长 1.5km，下端点在七号桥下游 1.1km 与天然河岸相接处，上端点在七号桥上游右支 500m 与天然河岸相接处。

（三）穿堤建筑物工程

南沙河哈大铁路桥—七号桥段两岸现有穿堤建筑物 20 个，均为雨污同流型式，按照鞍山市南沙河综合整治规划，南沙河综合整治工程实施后，将实行雨污分流制，污水排入排污管涵后集中排放到净水厂处理，雨水直接排到南沙河。排污管涵布置在河滩地设计滩面以下，顺堤防走向。结合污水截流工程建设，现有 20 个穿堤建筑物改建为排污水和排雨水两部分，改建后雨污水将分别排入污水管涵和南沙河内。同时，按照鞍山市城市总体规划，尚需增加 3 个穿堤建筑物。

（四）橡胶坝工程

南沙河橡胶坝工程位于鞍山市境内的南沙河干流上，是用以拦河蓄水，形成人工水面，美化城市景观的水利工程。结合城市规划要求，沿主河道 11.5km 范围内共布设三道橡胶坝工程，形成雍水水面共计 8.96 万 m^2。

1 号橡胶坝坝址在劳动桥下游约 130m 处，由拦河橡胶坝、管理房、蓄水池、引水渗渠组成。2 号橡胶坝坝址在胜利桥上游约 1110m 处，由拦河橡胶坝、管理房、蓄水池、引水渗渠组成。3 号橡胶坝坝址在七号桥下游约 300m 处，由拦河橡胶坝、管理房、蓄水池、取水井组成。

（五）河道纵断面设计

为满足行洪要求，本河段将全面清滩、清障。根据现状最深河底高程纵断，设计河底纵断划分为三段：沈大高速公路桥—陈家台桥河长 13.2km，设计河底纵断比降为 0.83‰，与南沙河陈家台桥以下现状河道比降一致；陈家台桥—调军台桥河长 2.59km，设计河底纵断比降为 2.28‰，与该段现状河道比降一致；调军台桥—七号桥河长 3.48km，设计河底纵断比降为 3.03‰，由于七号桥下游左侧是城市规划中的市一中建设用地，按城市防洪总体规划将该段现状河道取直，使河道缩短 200m，故设计河底纵断比降由现状的 2.86‰ 增加为 3.03‰。七号桥上游左、右支设计河底纵断比降与该段现状河道比降一致，分别为 3.89‰ 和 3.52‰。设计河底高程以立山水文站断面作为设计高程控制点。

（六）河道横断面设计

哈大铁路桥—陈家台桥段的堤线布置以现状左岸堤防和劳动桥、胜利桥作为控制，堤距为 210~240m。同时清除河道尤其是右滩杂填土，扩大主槽，恢复河道过流能力。

左岸以现状堤前滩唇为清滩线，右岸清滩线以清滩扩槽至现有堤防、桥梁达到规划标准不改建布置。清滩高程以设计河底高程控制。

陈家台汇流口以上的 100 年一遇洪水流量为 1753m³/s，较汇流口以下的 2430m³/s 减少约 30%，所以堤距亦相应缩窄。该现状为无堤段，天然河宽基本为 120m 左右。该河段到处为采砂坑及采砂废弃料，河道内采砂坑几乎相连，很多河段的河岸也是连续的采砂坑，随意堆积的废弃料小山一样到处都是，严重改变了河道的天然特性。

该河段堤线平面布置基本顺天然河岸走势，堤距为 180~200m。在七号桥下游结合城市建设河道有一长约 1km 的取直段。同时，以该河段天然河道宽度和设计河底高程作为控制，清除河道行洪范围内的砂堆、垃圾等阻碍河道行洪的障碍物。对于低于设计河底高程的沙坑等，在计算水面线时以设计河底高程控制，以下部分不过流。

四、建筑物设计

（一）工程等别和标准

按照鞍山市城市现状及《鞍山市城市总体规划》《鞍山市城市防洪规划》，依据《堤防工程设计规范》（GB 50286）及《防洪标准》（GB 50201）中水利工程等级和标准的规定，鞍山市南沙河左岸防洪标准为 100 年一遇，其堤防及穿堤建筑物工程的级

别均为 1 级；鞍山市南沙河右岸防洪标准为 50 年一遇，其堤防及穿堤建筑物工程的
级别均为 2 级。

（二）堤防工程设计

1.设计水面线计算

起点水位采用沈大高速公路桥上游实测断面的 $Z-Q$ 关系曲线。立山水文站水位
较高时糙率集中在 0.033~0.039 之间，考虑到设计情况下河道清滩、清障，主槽糙率
采用 0.030，滩地糙率采用 0.050。水面线计算采用《河道一维水利计算软件 V1.0》。

2.堤顶高程

鞍山市南沙河防洪工程左岸按 1 级堤防设计，堤顶高程采用 100 年一遇设计洪水位
加超高确定；右岸按 2 级堤防设计，堤顶高程采用 50 年一遇设计洪水位加超高确定。

依据《堤防工程设计规范》（GB 50286）有关规定，堤顶超高为风浪爬高加安全
加高再加风壅增水高度，其中，安全加高按规范要求 1 级堤防不允许越浪采用 1.0m，
允许越浪采用 0.5m；2 级堤防不允许越浪采用 0.8m，允许越浪采用 0.4m。

经计算和综合分析，考虑到有关规范和已有堤防的实际情况，鞍山市南沙河防
洪工程左岸哈大铁路桥—陈家台桥段现有浆砌石堤防堤顶超高值确定为 0.9m，陈家
台桥以上段堤顶超高值为 2.0m；右岸哈大铁路桥—陈家台桥段现有及新建堤防堤顶
超高值为 0.8m，陈家台桥以上段堤顶超高值为 2.0m。

3.左岸堤防工程设计

哈大铁路桥—陈家台桥段，现有浆砌石堤防不动。该段堤防经复核后，其堤顶
高程及结构型式均满足设计要求。

陈家台桥以上段新建均质土堤，堤顶宽 8m，迎、背水坡边坡均为 1：3，迎水坡
设计水位以下采用联锁式水工砖护坡、迎水坡设计水位以上及背水坡均采用草皮护坡。

4.右岸堤防工程设计

哈大铁路桥—劳动桥段，现有浆砌石堤防不动。该段堤防经复核后，其堤顶高
程及结构型式均满足设计要求。

劳动桥—陈家台桥段，现状地势较高，其中，劳动桥上游及陈家台桥下游台地
段地面高程基本均高于设计堤顶高程，其他段一般堤高为 1~1.5m，且堤线后几十米
地面高程即高于设计堤顶高程。鞍山市南沙河综合整治规划实施后，沿着堤线是准

备建设的城市道路，作为橡胶坝坝区段，滩地整治后，该河段临水侧堤防高度将不到1m。所以，该段堤防采用新建均质土堤，堤顶宽6m，迎、背水坡边坡均为1：3，迎、背水坡均采用草皮护坡。

陈家台桥—调军台桥段，堤线沿现状台地，地面高程与设计堤顶高程相差不多，所以，该段堤防将现状地面按设计堤顶高程平整，临水坡设计水位以下采用联锁式水工砖护坡、设计水位以上采用草皮护坡。

调军台桥以上段新建均质土堤，堤顶宽8m，迎、背水坡边坡均为1：3，迎水坡设计水位以下采用联锁式水工砖护坡、迎水坡设计水位以上及背水坡均采用草皮护坡。其中，七号桥以上右支，由于地面高程基本平设计水位，所以该段主槽防护后，不再新建堤防，可结合七号桥景区的建设沿设计堤线建设游览路。

（三）主槽防护设计

护坡混凝土板的厚度取15cm，规格为2m×2m，混凝土采用C20、F150，加ϕ6构造筋，各混凝土板间采用沥青木板分缝条进行分缝。混凝土板下铺设反滤土工布和15cm厚的砂砾保护层。

根据河道冲刷深度计算成果，主槽的冲刷深度为0.87~2.32m，其中，1号坝以下河道主要为黏土和粉质黏土，主槽的冲刷深度为1.65~2.32m，2号坝以上河道主要为砂卵砾石，主槽的冲刷深度为0.87~1.07m；滩地冲刷深度为0.36~0.63m。为保护主槽护坡工程，需要采取护脚和压顶防护，选定主槽护脚深2号坝以下为2.5m，2号坝以上为1.5m，护坡压顶深1.0m。护脚及护坡压顶采用浆砌石墙。

（四）穿堤建筑物工程设计

南沙河哈大铁路桥—七号桥段，两岸现有穿堤建筑物20个，结合污水截流工程建设，现有穿堤建筑物将由现行的雨污同流改建为雨污分流型式，改建后雨污水将分别排入污水管涵和南沙河内。同时，根据鞍山市城市总体规划，新增加3个穿堤建筑物。改建和新建的穿堤建筑物共有23个。

（五）跨堤建筑物

在设计范围内，现状跨河桥梁6座，即哈大铁路桥、劳动桥、胜利桥、陈家台桥、调军台桥、七号桥；规划桥梁 1 座，即曙光桥。

根据设计水面线成果，现状劳动桥、胜利桥长度满足设计过流条件，梁底高程分别比百年设计水位高 1.48m 和 1.01m，可以通过设计流量。七号桥、调军台桥、陈家台桥、哈大铁路桥等桥梁现状梁底高程比百年设计水位高 1.92~2.93m，满足设计过流条件，但七号桥及陈家台桥需扩宽。按照鞍山市南沙河综合整治规划，七号桥、陈家台桥、哈大铁路桥等桥梁都将结合城市建设进行改建，在设计水面线计算时，按其已改建只有桥墩阻水考虑。跨河桥梁改建时要满足防洪规划要求。

（六）橡胶坝工程设计

1. 橡胶坝的蓄水分析

根据分析，坝址处多年平均净来水量为 $5866 \times 10^4 m^3$。实测来水系列中最枯年份（1989 年）的年净来水量（相当于 95% 保证率来水量）为 $1697 \times 10^4 m^3$，橡胶坝全年蒸发渗漏损失量为 $121.6 \times 10^4 m^3$，橡胶坝最大蓄水库容量为 $71.9 \times 10^4 m^3$。其 95% 保证率的年净来水量是橡胶坝蓄最大库容及年蒸发渗漏损失量之和的 8.8 倍。

考虑净来水量的年内分配不均匀特征，将 1989 年的年来水量，分别按 1989、1992、1997、1998 年和 2000 年（其来水保证率在 75% ~95% 之间）的年内分配比分配到各月。得到 5 个不同典型年内分配情况的 95% 保证率的分月来水量。通过调节计算，假定每年 1 月在空库情况下开始蓄水，最迟 4 月开始即可全年蓄满；假定每年 3 月在空库情况下开始蓄水，最迟 5 月开始即可全年蓄满。各典型年来水量特征见表 11-1。

表 11-1 各典型年来水量特征表

年份	实际来水量（$10^4 m^3$）	保证率（%）
1998	2913	77.27
2000	2911	81.82
1992	2381	86.36
1997	1919	90.91
1989	1695	95.45

假定每年1月空库情况下开始蓄水，在选定典型中最迟4月以后即可全年蓄满；假定每年3月空库情况下开始蓄水，在选定典型中最迟5月以后即可全年蓄满。

2. 橡胶坝工程布置与设计

1号橡胶坝长160m，共分三跨，每跨长52.7m，坝底板顺水流方向为9.9m，跨间中墩厚0.95m，坝底板高程为21.66m，坝袋高3.0m。下游消能采用底流式消能，消力池下游设海漫，坝上下游均设有防冲槽。橡胶坝两岸边墙采用悬臂式挡土墙，泵房、管理房布置在右坝头。

2号橡胶坝长160m，共分三跨，每跨长52.7m，跨间中墩厚0.95m，坝底板高程为23.50m，坝袋高3.0m。坝底板顺水流方向为9.9m，下游消能采用底流式消能，消力池下游设海漫，坝上下游均设有防冲槽。橡胶坝两岸边墙采用悬臂式挡土墙，泵房、管理房布置在右坝头。

3号橡胶坝长120m，共分二跨，每跨长59.5m，跨间中墩厚1.0m，坝底板高程为40.70m，坝袋高3.0m。坝底板顺水流方向为9.9m，下游消能采用底流式消能，消力池下游设海漫，坝上下游均设有防冲槽。橡胶坝两岸边墙采用悬臂式挡土墙，泵房、管理房布置在左坝头。

3. 工艺、电气及采暖通风

（1）工艺。

1号橡胶坝在橡胶坝上游河道靠近管理房一侧建一条长为50m的渗渠，渗渠与橡胶坝平行布置，在靠近管理房一侧引出一混凝土管引入渗渠集水井。渗渠按平均出水量为300m³/h设计。橡胶坝的充水时间约为8.16h，汛期橡胶坝的总排水时间为1.88h。

2号橡胶坝在橡胶坝上游河道靠近管理房一侧建一条长为50m的渗渠，渗渠与橡胶坝平行布置，在靠近管理房一侧引出一混凝土管引入渗渠集水井。渗渠按平均出水量为300m³/h设计。橡胶坝的充水时间约为8.16h，汛期橡胶坝的总排水时间为1.88h。

3号橡胶坝在管理房上游侧建一管井，管井按平均出水量为80m³/h设计，设计扬程为14m。橡胶坝的充水时间约为23h，汛期橡胶坝的总排水时间为1.42h。

（2）电气。

根据规范规定，本工程负荷按照三级负荷考虑，管理房设置1台变压器，电源进线在就近 10kV 线路 "T" 接，单回路进线，二次接线方式采用单母线接线，低压配出多条回路供水泵及电动阀配电使用。

为保证电气设备和人身安全，每个橡胶坝设计 1 套综合接地系统，接地电阻不大于 1Ω。

（3）采暖通风。

本工程采用冷、暖两用空调机来满足各房间的冬、夏季温度要求。在泵房、变压器室、配电室和值班室等易发生火灾的场所配置干粉灭火器，每处不少于 2 具。各房间空调机室内给水管网采用枝状布置，单向供水。室内排水管采用 PVC 塑料管。

五、工程实施及设计变更

南沙河综合治理工程于 2008 年 8 月开工建设，于 2017 年完工。工程实施过程中，将原 1 号橡胶坝变更为水力自控翻板闸。原 1 号橡胶坝长 160m，高 3m。经计算比较后修改成 19 扇宽 7m、泄流总宽 133m、斜高 3m、铅垂挡水高度 2.888m 的有预倾角滚轮连杆式水力自控翻板闸门，门下堰型为带圆弧进口的折线形实用堰，流量系数较比宽顶堰有所加大。50 年一遇上游洪水位比橡胶坝方案降低了 0.02m，100 年一遇上游洪水位比橡胶坝方案提高了 0.05m。1 号橡胶坝变更成翻板闸后，1 号闸坝处 100 年一遇和 50 年一遇的上游洪水位变化不大，维持原设计的堤防顶高程不变。

六、小结

鞍山南沙河哈大铁路桥—七号桥段综合治理工程，通过修筑堤防、清滩、穿跨堤建筑物及橡胶坝工程，实现了城市防洪、排涝、雨污水分流以及水景观提升。由于地质原因，地下水抽取困难，1、2 号橡胶坝在橡胶坝上游河道靠近管理房一侧平行橡胶坝布置一条长为 50m 的渗渠，在靠近管理房一侧引入集水井。这种因地制宜的充水水源布置形式，满足了橡胶坝充水运行需要，实践证明效果良好。1 号橡胶坝变更成翻板闸后，通过闸下堰型优化，增大过流能力，使得翻板闸对防洪影响不大且运行良好。治理前河道如图 11-1 所示，治理后河道如图 11-2 所示。

图 11-1　治理前河道

图 11-2　治理后河道（一）

图 11-2　治理后河道（二）

第十二章
泉州市梧垵溪下游河道整治工程

一、工程概况

梧垵溪流域位于福建省晋江市、石狮市，发源于晋江市罗山街道办事处的高州山，流经罗山街道办事处、永和镇和新塘街道办事处的苏内、林口、张前、梧垵、山前、湖格、荆山、上郭等村，然后进入石狮市，再经南低干渠、雪上沟，最后由军垦水闸汇入泉州湾。梧垵溪全长12.6km，流域面积41.0km²，河道平均坡降3.1‰，流域形状系数（F/L^2）0.29。

梧垵溪属平原河道，地区地势平缓，沉积物深厚，河流蜿蜒曲折，水系紊乱，河槽不稳定，河流附近有小湖泊及池塘分布，泥沙较少。沿程有较多小支流汇入，河槽平浅，水流迟缓，排水能力差，流域遭遇较大暴雨时，不仅汇集当地水流，还要承泄上游来水，来水量往往大于泄水量，汛期大量洪水漫溢出槽，洪峰展平，洪水过程拉长，汛后方逐步消退，洪涝是该地区普遍存在的灾害性水文现象。

泉州市梧垵溪下游河道整治工程的工程任务：一是通过合理规划以及采取必要的工程和非工程措施，解决梧垵溪下游河道晋江富之达工业园区进口附近交通桥至雪上水闸之间的防洪能力低下问题；二是解决梧垵溪污水及洪水进入市区，影响市区环境及防洪安全的问题；三是解决规划河段两岸排污系统不完善，污水进入梧垵溪污染河道水质的问题。

通过合理规划、科学布局，在解决该段河道现存的诸多问题的前提下，尽量兼顾解决城市生态水面、河道行洪等与城市发展之间对于土地需求的矛盾问题，并引用先进的生态河道设计理念利用能够提供的客观条件进一步改善该河段的水生态环境，综合提高该河段的治理水平和管理水平，打造新型城市河道的典范，满足周边城市社会发展对河道的多方面需求，推动河道两岸城市的经济和社会发展。

泉州市梧垵溪下游河道整治工程范围为：梧垵溪干流段上起晋江富之达工业园区进口附近交通桥下 237.5m，下至石狮雪上水闸（即梧垵溪与南低干渠交汇处），河道全长约 2.92km（工程整治前现状河道长约 3.008km）。

整治工程的主要建设内容和规模为：河道两岸新建堤防 5.41km（其中，左岸 2.64km，右岸 2.77km），河道扩宽整理 2.92km，拆除交通桥 1 座（即 1 号桥），拆除排水涵管 4 座，拆除重建排水涵 8 座，新建排水涵管 4 座、新建水闸 1 座、拆除重建水闸 1 座，新建污水管道 6.18km。

建设泉州市梧垵溪下游河道整治工程，既可提高河道行洪能力，减少洪涝灾害，又可满足石狮市区生态补水和灌溉需求、修复河道生态和改善水质，提升两岸环境景观品质。

二、工程地质

（一）区域地质概况

1. 地形地貌

本区域位于戴云山脉中段的东南侧，区域地形由丘陵、河谷、台地和平原组成，属闽东南低山丘陵，沿海一带为滨海堆积平原。总体地势为西北部高，东南部低，泉州、晋江、惠安等地平原地区海拔在 50m 以下，以台地、冲积、海积平原地貌为主。

梧垵溪为晋江一条支流，工程区内地表起伏平缓，池塘及河沟广泛分布，地面高程在 10m 以下，河谷多为浅窄的槽型，河曲较为广泛，一级阶地发育，阶地高出河床 2~5m。

2. 地层岩性

本区域地层岩性主要分布为：

第四系地层以残坡积层和全新统长乐组海积层及冲、洪积层为主，此外还有零星分布于山地河谷及台地沟谷中的上更新统龙海组和上更新统东山组。厚度一般在 50m 以下，滨海地区较厚，向陆地方向变薄。一般滨海地层以海积、风积层为主，向陆地过渡以残坡积层和冲、洪积层为主。

基岩主要有燕山早期第一次侵入花岗岩（$\eta\gamma_5^{2(3)a}$），晚侏罗系次石英闪长玢岩

（$\delta_{ou}J_3$），上三叠统—侏罗系动力变质岩（T_3–J）等。

3. 水文地质条件

本区地下水主要类型包括孔隙潜水和基岩裂隙水等，孔隙水分布于第四系松散堆积物中，属潜水，基岩裂隙水多分布于基岩裂隙、断层破碎带和风化裂隙中，多属潜水，局部略具承压性。区内地下水主要是孔隙水，其水量较为丰富，地下水的储存、循环条件较好，孔隙水的水位较高，一般地下水埋深 1.0~3.0m。

地下水接受岩土层间的侧向补给及地表水的下渗补给，向低洼处排泄和蒸发排泄。地下水水量受季节性影响较大，雨季以补给为主，补给量大于排泄量，地下水位抬高，涌水量增加；枯水季节补给量贫乏，地下水以排泄为主，地下水位降低，涌水量减少。

4. 地质构造

工程区构造单元上属于闽东南沿海变质带。工程区闽东—粤东沿海差异隆起区内，以继承性的断块差异为特征，间歇性的缓慢上升为总的趋势。区内分布的断裂均为早第四纪前活动的断裂，到第三纪的喜马拉雅运动，区内的地质构造主要表现为承袭在前期构造带上的断裂活动，并在区域南部濒海的岛屿及海域中伴有小规模的岩浆活动。工程区内未发现晚更新世以来的活动断层，区域构造基本稳定。

5. 区域构造稳定性和地震动参数

根据《中国地震动参数区划图》（GB 18306），本区地震动峰值加速度为 0.15g，地震动反应谱特征周期为 0.40s，对应的地震基本烈度为Ⅶ度。

（二）主要地质问题及结论性意见

（1）本区地震动峰值加速度为 0.15g，地震动反应谱特征周期为 0.40s，对应的地震基本烈度为Ⅶ度，设计地震分组为第二组。

（2）工程区地层岩性主要有：人工填土，呈松散～稍密状态，地基承载力建议值 100~120kPa，临时开挖边坡建议值 1：1~1：1.25；淤泥，呈流塑状态，厚度较大，分布连续，物理力学性质差，地基承载力建议值 45~50kPa，存在抗滑稳定和沉降变形等工程地质问题，需进行地基处理；中粗砂，呈稍密～中密状态，地基承载力建议值 180~200kPa，物理力学性质较好，但其层顶埋深较大，分布不连续；残积土，硬塑状态，地基承载力建议值 200~220kPa，工程场地均有分布，是良好的下卧层和桩端持力层。

（3）本工程两岸有多处商业建筑和供水公司管线，距岸坡边缘距离较近，施工过程中可能对临近建筑物地基产生影响，建议采取工程处理措施并进行变形监测。

（4）闸址区工程地质条件较差，流塑状的淤泥层厚度较大，存在抗滑稳定、沉降变形和渗透破坏等工程地质问题，且饱和砂土均存在轻微液化问题，需采取工程措施进行处理，若采用桩基础，可将下部中粗砂层和残积土层作为桩端持力层。

（5）污水管线埋置于淤泥层中，该层物理力学性质差，建议进行地基处理，地下水埋深较浅，工程施工中应做好排水工作。

（6）本工程挡墙基础均采用水泥搅拌桩进行地基处理，改善土的性状和物理力学指标，可消除软土震陷影响。

（7）梧垵溪河道整理高程在0.5~1.27m，整理高程内淤积物主要为淤泥和生活垃圾，厚度在1m左右。由于工程区河道内以淤泥层为主，不适宜重型机械进行作业，有粉质黏土等力学性质较好的区域可安排小型机械进行整理，否则应采用其他整理方式。

（8）梧垵溪河水和河道两岸地下水对混凝土结构无腐蚀，对钢筋混凝土结构中钢筋有弱腐蚀，对钢结构有弱腐蚀。沿石狮大道一侧的污水管线处地下水对混凝土结构无腐蚀，对钢筋混凝土结构中钢筋有中等腐蚀，对钢结构有中等腐蚀。杏闸及新鸡肠沟节制闸处土壤对混凝土结构及钢筋混凝土结构中钢筋有微腐蚀。

（9）混凝土粗细骨料及垫层砂、块石和回填砂砾石均可就近购买，质量和储量均满足本工程需要，砂料距工程区运距为5~10km，块石料距工程区运距为25~35km。

三、护岸结构型式比选

（一）陡墙式堤防

结合地形地质条件及当地材料供应情况，陡墙式堤防护岸选择衡重式浆砌块石挡墙、重力式浆砌块石挡墙、悬臂式钢筋混凝土挡墙及混凝土预制块生态挡墙4种结构进行比较。

1. 衡重式浆砌块石挡墙

衡重式浆砌块石挡墙顶宽1.0m，迎水面坡度为1:0.1，背水侧坡度在墙顶高程以下 2.5m 高度坡度为 1：0.35，中间卸载平台，宽 1.0m，接 1：0.15 倒坡至挡墙底高程，墙体采用 M7.5 浆砌块石砌筑，墙趾宽度为 0.6m，基础下设 0.3m 厚粗砂垫层。基础处理采用水泥搅拌桩，桩底穿透淤泥层 1.0m。衡重式浆砌块石挡墙断面如图 12-1 所示。

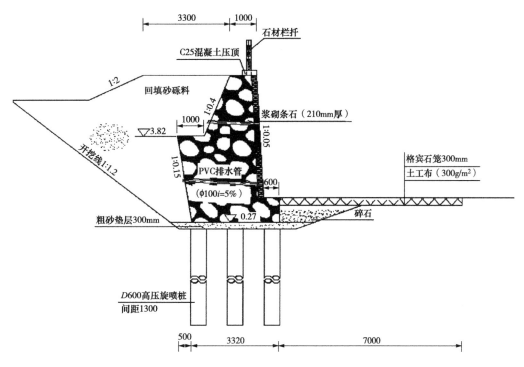

图 12-1　衡重式浆砌块石挡墙（单位：mm）

2. 重力式浆砌块石挡墙

重力式浆砌块石挡墙顶宽 0.8m，迎水面坡度为 1：0.05，背水侧坡度为 1：0.50，墙体采用 M7.5 浆砌块石砌筑，墙趾宽度为 0.6m，墙踵宽度 1.0m，基础下设 0.3m 厚粗砂垫层。基础处理采用水泥搅拌桩，桩底穿透淤泥层 1.0m。重力式浆砌块石挡墙断面如图 12-2 所示。

3. 悬臂式钢筋混凝土挡墙

悬臂式钢筋混凝土挡墙，顶宽 0.4m，迎水坡直立，背水侧坡度为 1：0.06，背侧加腋，腋宽、腋高均为 0.5m，底板厚 0.5m，宽 5.13m，为保证抗滑稳定，设置防滑榫，防滑榫距墙趾端头 1.3m，榫宽 1.0m，榫高 0.3m，底板下设 0.1m 厚 C15 素混凝土垫层及 0.30m 厚粗砂垫层。水泥搅拌桩基础处理，桩底穿透淤泥层 1.0m。悬臂式

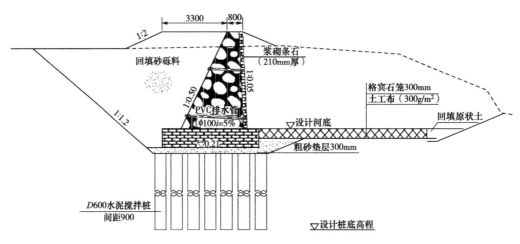

图 12-2 重力式浆砌块石挡墙（单位：mm）

钢筋混凝土挡墙断面如图 12-3 所示。

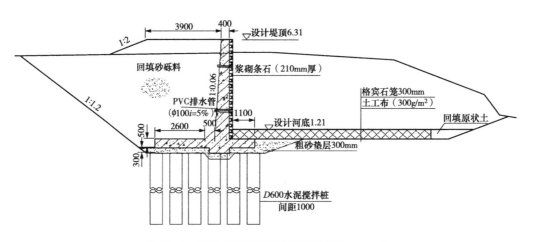

图 12-3 悬臂式钢筋混凝土挡墙（单位：mm）

4. 混凝土预制块生态挡墙

采用生态挡墙砌块与埋石混凝土挡墙相结合的结构型式。C25 混凝土砌块宽
280mm，高 150mm；挡墙的筋带拟采用单向拉伸塑料土工格栅抗拉力 T_s=60kN/m，
土工格栅与回填土（砂砾料）的似界面摩擦系数 f'=0.3，土工格栅在砌块中的总长
度取常数 0.4m；筋带节点的水平间距 S_x=1m；加筋土填料为砂砾料，力学指标取值

为容重 16.0kN/m³、内摩擦角 ϕ =0.3°。水泥搅拌桩基础处理，桩底穿透淤泥层 1.0m。混凝土预制块生态挡墙断面如图 12-4 所示。

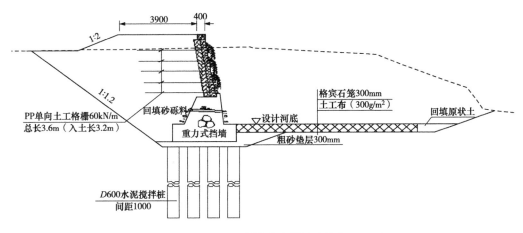

图 12-4 混凝土预制块生态挡墙（单位：mm）

经技术经济比较，衡重式浆砌石挡墙与生态挡墙方案投资较少，开挖深度约为 6m。因两侧无足够的开挖空间，则生态挡墙方案需采取上部挡墙与下部重力式挡墙相结合的方案，施工工序较复杂、施工难度大，因此，陡墙式堤防采用衡重式浆砌石挡墙结构方案。

（二）复合式堤防

复合式堤防上部为挡墙结构，下部为斜坡式护坡。上部挡墙采用重力式浆砌石挡墙结构或生态挡墙结构，墙高 3.2m，斜坡式选择预制混凝土连锁砖护坡两种型式进行比选。

1. 复合式堤防型式一

上部重力式浆砌块石挡墙顶宽 0.8m，迎水面坡度为 1：0.05，背水侧坡度为 1：0.65，墙体采用 M7.5 浆砌块石砌筑，墙趾宽度为 0.6m，墙踵宽度 1.0m，基础为 M10 浆砌条石，基础下设 0.3m 厚砂碎石垫层。地基处理采用水泥搅拌桩，桩底穿透淤泥层 1.0m；下部预制混凝土连锁砖护坡厚度为 0.15m，下设 0.15m 厚粗砂垫层及 300g/m² 土工布。复合式堤防型式一如图 12-5 所示。

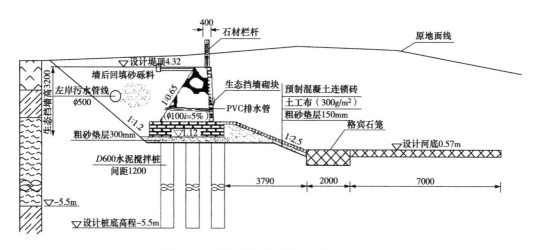

图 12-5　复合式堤防型式一（单位：mm）

2. 复合式堤防型式二

上部预制混凝土砌块生态挡墙 C25 混凝土压顶顶宽 0.4m，预制块宽度 0.28m，迎水面坡度为 1：0.17，基础为 C25 混凝土基座 0.8m 宽，基础下设 0.3m 厚粗砂垫层。地基处理采用水泥搅拌桩，桩底穿透淤泥层 1.0m；下部预制混凝土连锁砖护坡厚度为 0.15m，下设 0.15m 厚粗砂垫层及 300g/m² 土工布。复合式堤防型式二如图 12-6 所示。

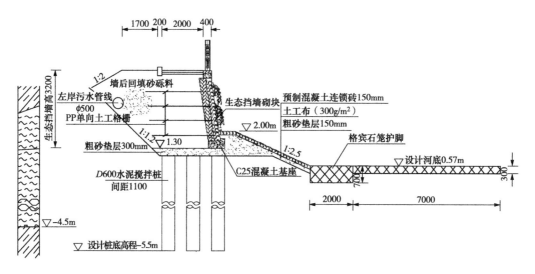

图 12-6　复合式堤防型式二（单位：mm）

经技术经济比较，生态挡墙与重力式挡墙方案投资相近，考虑到生态挡墙可以种植绿化，具有生态景观效果，坡面稳定牢靠，且投资相对较低，因此，本阶段复合式堤防推荐上部采用预制混凝土块生态挡墙，下部采取150mm预制混凝土连锁砖结构。

（三）斜坡式堤防

河道位于3~9号桥桥群段，中间有多条高速公路匝道经过，桥梁上下游部分局部已进行了岸坡防护及绿化处理，且两岸高程基本满足堤顶高程要求。本次设计该部位采用斜坡式堤防，考虑到连锁砖可以种植绿化，具有生态景观效应，且整体连锁，坡面稳定牢靠，护坡型式采用预制混凝土连锁砖护坡型式对公路及桥梁之间的岸坡进行防护。斜坡式边坡坡比为1:5.0，坡顶高程高于设计洪水位0.5m。

（四）围护桩式

河道右岸高层建筑段、石狮市水厂泵房段、石狮市供水公司供水箱涵段、河道左岸鞋厂厂房段，这几处是堤防建设重点防护位置，确保石狮市供水安全，确保建筑物结构安全。由于堤线距离建筑物较近，仅为2.0~6.0m，因此，该段河道整治方式不能采取常规的开挖清淤再建挡墙的方案，必须采取围护桩的型式进行岸坡防护，再进行清淤疏浚。

根据地质钻探成果分析，该部分河段地层分布为粉质黏土、淤泥、残积土，淤泥层厚度为5.8~15.5m，地面挡土高度约为5.0m，选取单排钻孔灌注桩＋预应力扩孔锚索及双排钻孔灌注桩两种方案进行比较。单排钻孔灌注桩＋预应力扩孔锚索方案如图12-7所示，双排钻孔灌注桩方案如图12-8所示。

经技术经济综合比较，单排钻孔灌注桩＋预应力扩孔锚索方案比双排钻孔灌注桩方案投资节省较多，且占地面积较少；桩顶水平位移小，更利于保证周边市政构筑物的安全与稳定。但考虑在现场建筑物下进行锚索施工存在困难，且无建筑物桩基设计资料，建筑物业主不同意在下方施打扩孔锚索。因此，从施工技术合理、可行的方面考虑，建筑物防护采用双排钻孔灌注桩方案；供水箱涵防护采用单排钻孔灌注桩＋预应力扩孔锚索方案。

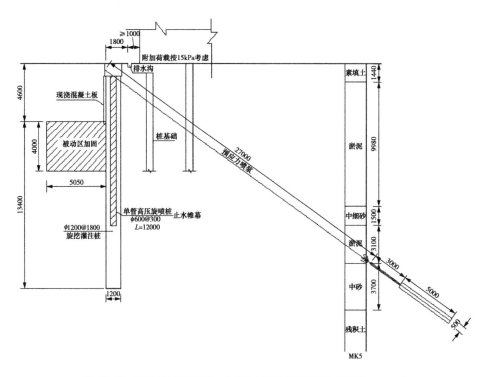

图 12-7　单排钻孔灌注桩 + 预应力扩孔锚索方案（单位：mm）

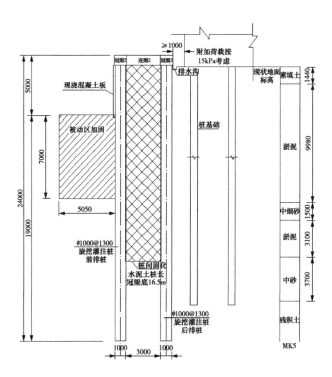

图 12-8　双排钻孔灌注桩方案（单位：mm）

四、工程布置

(一)工程等别及标准

本防洪工程保护区城市防洪工程等别为Ⅳ等,对应城市防洪标准为20年一遇,堤防及穿堤建筑物级别为4级,次要建筑物及临时性建筑物级别为5级。新鸡肠沟节制闸工程等别为Ⅳ等,主要建筑物级别为4级,次要建筑物及临时建筑物级别为5级。杏闸工程等别为Ⅲ等,属中型工程,主要建筑物级别为3级,次要建筑物及临时建筑物级别为5级。根据《水利水电工程合理使用年限及耐久性设计规范》(SL 654),本工程合理使用年限为30年,堤防、杏闸及新鸡肠沟节制闸合理使用年限均为30年。

本工程新建堤防防洪标准为20年一遇(P=5%)。工程保护区内排涝标准为10年一遇。根据《水闸设计规范》(SL 265)规定,杏闸设计洪水重现期为20年一遇(P=5%),校核洪水重现期为50年一遇(P=2%),临时工程洪水重现期为5年一遇(P=20%)。新鸡肠沟节制闸与杏闸相连,防洪标准与杏闸一致。

本工程堤防工程级别为4级,根据《堤防工程设计规范》(GB 50286)规定,堤防不进行抗震设计。本工程杏闸工程等别为Ⅲ等,主要建筑物级别为3级,新鸡肠沟节制闸的工程等别为Ⅳ等,主要建筑物级别为4级,抗震设计烈度为Ⅶ度。

(二)工程总布置

本工程整治范围为:梧垵溪干流段上起晋江富之达工业园区进口附近交通桥下237.5m,下至石狮雪上水闸(即梧垵溪与南低干渠交汇处),河道全长约2.92km(工程整治前现状河道长约3.008km)。河道两岸新建堤防5.41km(其中,左岸2.64km,右岸2.77km),河道扩宽整理2.92km,拆除交通桥1座(即1号桥),拆除排水涵管4座,拆除重建排水涵8座,新建排水涵管4座、新建水闸1座、拆除重建水闸1座,新建污水管道6.18km。

杏闸位于梧垵溪下游河道起止桩号为A0+810.7~A0+913.7处,设计河宽为39.5m,泄流宽度为32.5m,采用钢坝闸。从上游至下游依次为护坦段、铺盖段、闸室段、消力池段、海漫段、防冲槽段,全长103m。两岸设置悬臂式和衡重式翼墙。

新鸡肠沟节制闸位于梧垵溪下游整治河道桩号 A0+857.7 处，新鸡肠沟与梧垵溪汇流入口处。设计河宽为 11.4m，泄流宽度为 3×3.0m，即 9.0m。从上游至下游依次为铺盖段、闸室段、护坦段，全长 25.0m。两岸设置悬臂式钢筋混凝土翼墙。新鸡肠沟节制闸北侧设置长 98m 的对外交通路。

晋江段桩号 A0+000~A0+216.6 段截污管道收集该区段及起点以上 700m 范围内的污水，左右岸污水汇集后接入拟建的石狮市北环路上小型污水提升泵站中。石狮段桩号 A0+216.6~A1+290.7 段右岸堤顶路下敷设截污管道，在桩号 A1+290.7 处向东，沿旧鸡肠沟溪岸敷设，排入北环路下游较大的污水管网中。石狮段桩号 A2+244.3~A2+920.2 段左右岸截污管道汇集后，沿石狮大道路边敷设，最终排入皇宝（福建）环保工程投资有限公司污水处理厂中。

（三）堤防（驳岸）设计

本阶段各段堤防采用的堤防型式如下：

（1）晋江段河道中心桩号 A0+000~A0+216.6 左右岸新建护岸均采用陡墙式结构，陡墙式堤防经过比选采用衡重式挡墙方案。

（2）交界段河道中心桩号 A0+216.6~A1+554.0 段左岸采用陡墙式结构、河道中心桩号 A1+554.0~A1+640.1 段左岸采用复合式堤防。

河道中心桩号 A0+216.6~A0+651.0 段右岸采用陡墙式结构、河道中心桩号 A0+651.0~A0+751.1、A0+785.0~A0+857.7 段右岸采用围护桩式结构、河道中心桩号 A0+873.7~A1+144.6 段右岸采用陡墙式、河道中心桩号 A1+144.6~A1+207.8 段右岸采用围护桩式、河道中心桩号 A1+207.8~A1+290.7 段右岸采用陡墙式、河道中心桩号 A1+290.7~A1+554.0 段右岸采用围护桩式、河道中心桩号 A1+554~A1+640.1 段右岸采用复合式。

陡墙式堤防采用衡重式挡墙、复合式堤防采用生态挡墙加预制混凝土连锁砖护坡方案、围护桩式分别采用双排桩和单排桩 + 扩孔锚索方案。

（3）石狮段河道中心桩号 A1+640.1~A1+806.8 段左右岸采用复合式、河道中心桩号 A1+818.8~A2+179.8 段左右岸采用斜坡式、河道中心桩号 A2+244.3~A2+920.2 段左右岸新建护岸采用复合式断面。复合式堤防采用生态挡墙加预制混凝土连锁砖护坡方案、斜坡式采用预制混凝土连锁砖护坡方案。

（四）杏闸设计

杏闸位于梧垵溪下游河道起止桩号为 A0+810.7~A0+913.7 处，设计河宽为 39.5m，泄流宽度为 32.5m，采用钢坝闸。从上游至下游依次为护坦段、铺盖段、闸室段、消力池段、海漫段、防冲槽段，全长 103m。两岸设置悬臂式和衡重式翼墙。

（五）新鸡肠沟节制闸设计

新鸡肠沟节制闸位于梧垵溪下游整治河道桩号 A0+857.7 处，新鸡肠沟与梧垵溪汇流入口处。设计河宽为 11.4m，泄流宽度为 3×3.0m，即 9.0m。从上游至下游依次为铺盖段、闸室段、护坦段，全长 25.0m。两岸设置悬臂式钢筋混凝土翼墙。新鸡肠沟节制闸北侧设置长 98m 的对外交通路。

（六）地基处理

对大部分堤段采用水泥搅拌桩进行基础处理。水泥搅拌桩采用矩形布置，桩端穿透淤泥层 1m，将残积土层作为桩端持力层。为满足挡墙底部应力及沉降要求，陡墙基础水泥搅拌桩桩径 0.6m，间距 0.9m；复合式挡墙基础水泥搅拌桩桩径 0.6m，间距 1.1m。杏闸底板基础水泥搅拌桩桩径 0.6m，间距 1.0m；启闭机室及翼墙桩径 0.6m，桩间距 0.8m。

部分堤段由于高压线影响，采用高压旋喷桩进行地基处理。高压旋喷桩采用矩形布置，桩端穿透淤泥层 1m，将残积土层作为桩端持力层。为满足挡墙底部应力及沉降要求，陡墙基础高压旋喷桩桩径 0.6m，间距 1.3m。

（七）截污设计

1. 晋江段左岸桩号 A0+000~A0+216.6 段

截污管道采用 DN400 聚乙烯双壁波纹管，设计污水排放量为 2258m³/d，最大污水排放量为 49.66L/s，设计坡度 0.002，设计充满度 0.42。

截污管线沿河堤路下敷设，管线起点管底标高为 2.58m，管线总长度 216m，管线在末端通过倒虹吸跨越梧垵溪，接入拟建的石狮市北环路上小型污水提升泵站中，接入点坐标为：$X=2739268.37$，$Y=512004.09$。

2. 晋江段右岸桩号 A0+000~A0+216.6 段

根据该段河岸现有排污管道的管径情况，截污管道采用 DN600 聚乙烯双壁波纹管。

截污管线沿河堤路下敷设，管线起点管底标高为 2.24m，管线总长度 423.4m，管线在末端向南接入拟建的石狮市北环路上小型污水提升泵站中，接入点坐标为：X=2739268.37，Y=512004.09。

3. 石狮段右岸桩号 A0+216.6~A1+290.7 段

截污管道采用 DN500 聚乙烯双壁波纹管，设计污水排放量为 10000m³/d，最大污水排放量为 158.19L/s，设计坡度 0.0012，设计充满度 0.7。

截污管线沿河堤路下敷设，管线起点管底标高为 4.85m，管线总长度 1948m，该截污管道在桩号 A1+290.7 处向东，沿旧鸡肠沟溪岸敷设，排入北环路下游较大的污水管网中。接入点坐标为：X=2739834.60，Y=513120.73。

4. 石狮段左右岸桩号 A2+244.3~A2+920.2 段

截污管道左右岸均采用 DN500 聚乙烯双壁波纹管，截污管线沿河堤路下敷设，管线起点管底标高左岸为 2.90m、右岸为 2.80m。设计坡度左岸为 0.001、右岸为 0.0015。该截污管道在桩号 A2+244.3 处汇合成 1 根 DN600 聚乙烯双壁波纹管，向东，沿石狮大道路边敷设，最终排入皇宝（福建）环保工程投资有限公司污水处理厂中，管线总长度 3423m。

接入点为宝盖鞋业工业园 B 区污水主管道末端进污水处理厂前排水检查井，接入点坐标为：X=2741615.88，Y=514688.94。

（八）景观设计

由于两岸用地紧张，没有空间用于景观工程，仅部分堤段采用绿篱池兼有护栏作用。

五、工程实施与设计变更

梧垵溪下游河道整治工程于 2017 年 1 月开工建设，2018 年底完工。工程实施阶段，将双排桩方案变更为钢管模袋桩。

1. 变更缘由

原设计的双排桩方案，基本可以解决紧邻建筑物空间狭小问题，但施工工艺及施工过程仍存在较大的局限性和不确定性：一是占用供水公司制水车间大片场地，钢筋笼绑扎和混凝土浇筑均需要较大的施工场地，同时又必须拆除供水公司已建围墙；二是施工过程中对于供水箱涵安全运行保障存在较大不确定性，也是一大难题；三是灌注桩（ϕ1000、ϕ1200）施工时需要大型设备，进场施工需要通过供水箱涵，加上施工钻孔位置距离箱涵较近，存在诸多难以控制的施工风险；四是制水重地的安全管理与工程施工矛盾突出，由于施工场地所占，工程施工过程中人员、物资进出均需要经过制水车间用地，灌注桩施工产生大量淤泥的暂时存放及外运将是本工程实施最难以解决的问题；五是采用双排桩方案不仅工程造价高，施工工期长，不利于加快工程进度，而且难以及时解决河道安全度汛问题。钢管模袋桩具有结构合理、施工设备轻便、质量控制可靠、施工条件要求简单、施工安全且快速、工程造价相对较低、性价比高等优势。

2. 钢管模袋桩基本原理

钢管模袋桩是综合应用"滤排水式压入水泥浆液的施工方法""一次成孔、分段高压水泥灌浆施工方法"和"控制性水泥灌浆工艺"等堵漏灌浆专利技术，在淤泥地层中建造模袋桩及淤泥硬化体复合结构，满足淤泥地基基础处理及建造挡土墙、围护墙等结构要求。该技术适用于各种淤泥（沙）地层地质条件，在对淤泥层进行开挖之前，在原状淤泥之中，首先形成模袋桩体，以模袋桩体为载体，进行控制性灌浆，对模袋桩周围及其底部的淤泥进行硬化处理，形成一定范围的淤泥硬化体，最后发挥模袋桩体和淤泥硬化体的联合作用，形成复合结构。钢管模袋桩主要由主体模袋桩、斜拉模袋桩、淤泥硬化体、桩顶圈梁和桩前腰梁等组成。钢管模袋桩既可应用于既有建筑和新建建筑的地基处理，也可应用于淤泥地质条件的基坑支护、河道边坡加固等工程。

3. 现场试验

选取梧垵溪河道整治工程中地质情况较为不利、施工条件限制多、对周边建筑物的影响危害大的石狮市供水公司制水车间场地旁的梧垵溪河段，进行模袋桩及淤泥硬化体复合结构的现场试验。

在距石狮市供水公司围栏1.0m、距引水箱涵6.0m处，选择防护边坡长度10m为试验工程段。按模袋桩孔中心间距为0.6m布置，模袋桩桩径为0.5m，共17个模袋充灌桩。造孔深为14m，其中，桩上段8m为通常模袋桩体，下段6m为控制性水泥灌浆加固区域。模袋桩体系布置为单排竖向主体模袋桩（下称模袋桩）+ 斜拉模袋锚固桩。斜拉锚固桩采用通体模袋桩，按长度 6m 和 4m 间隔跳孔布置。模袋桩灌浆孔与引水箱涵之间，呈梅花型布置两排排水孔，共有 33 孔，排水孔孔距和孔深均与模袋桩相一致，其位置距模袋桩灌浆孔为 0.8m。特别需要说明的是，为保证模袋桩体的形成和控制，在桩顶设计了定位锚固圈梁，称之为桩顶圈梁。

为了验证和完善钢管模袋桩加固软弱地基的有效性、安全稳定性和对周围建筑物影响的可控性，通过对石狮市供水公司供水管道围护试验段注浆体支护结构、周围硬化土体、地下涵管进行全面、系统的监测，掌握注浆体围护结构稳定性的变化规律，验证采用本项技术的可行性，并应能满足堤坝护岸护坡的相关要求。监测项目主要内容包括：①围护结构监测：注浆孔桩体变形监测。②周围土体监测：地表水平位移和垂直位移监测；深层水平位移（测斜）监测；土压力监测；渗压力监测。

通过钻孔取样、拉拔试验、基坑开挖试验、复核计算及现场监测结果得出以下结论：

（1）经试验段工程实践证明：本工程采用的钢管模袋桩结构新颖，设计合理，安全可靠。采用单排直径 D500 作为主体模袋桩，桩顶设置圈梁，圈梁下方设置斜拉式模袋桩，具有显著的锚固作用，形成有效的超静定受力结构体系。

（2）采用理论复核计算表明：钢管模袋桩结构满足整体滑动稳定要求；模袋桩的抗弯、抗剪强度满足强度要求，挠曲位移最大处发生在桩顶，满足变形要求。

（3）采用钻机造孔，效率高、适用于不同地层、地质条件；柔性模袋布体跟随灌浆管安装进入孔内，安装简便、快速；采用控制性灌浆，浆液为管道压力输送，设备简单，方便施工。

（4）采用上下通长的灌浆管一次安装到位，分段布置控制性灌浆设施，灌浆浆液为管道压力输送，设备简单，将所有地下作业转化为地面上作业，方便施工，提高效率。

（5）对柔性的模袋布体进行控制性灌浆，由柔性体转变为刚性体，由套装在钻孔之内的小体积，膨胀扩大为大于钻孔直径的模袋桩体，满足承载要求的结构尺寸。解决淤泥层中建造承载桩体的结构强度的可控性和施工难度。

（6）以造孔灌浆形成的模袋桩为载体，对模袋桩周围及其底部的淤泥进行控制性灌浆，形成淤泥硬化体。解决桩体周围及其底部淤泥的硬化问题，充分发挥承载桩体及其淤泥硬化体的联合作用，提高承载能力，扩大工程应用范围。

（7）具有施工安全、质量可靠、缩短工期、降低工程成本等技术经济效益。

（8）减少淤泥的开挖量和废弃量，就地利用，资源化，减少拆迁征地；控制性灌浆的浆液可以大量添加石材加工厂的石粉，减少水泥用量，减少碳排放和资源浪费等，具有独特的环境保护效益。

综上：钢管模袋桩具有安全可靠、技术合理、施工周期短、施工简便、施工可控和施工难度小等一系列优点，可以替代原设计的双排桩围护方案，并最终将钢管模袋桩技术应用于梧垵溪河道治理工程中。

4. 钢管模袋桩布置

钢管模袋桩分为排桩、桩间桩、加固桩、斜拉桩 4 种桩型。排桩两根为一组，并排摆放，桩径 400mm，内置 ϕ219 钢管，桩长 21m，间距 1.5m。两组排桩中间布置一根桩间桩，桩径 350mm，内置 ϕ50 钢管，桩长 7m，间距 1.5m。排桩、桩间桩通过冠梁、腰梁、底梁进行横向连接，使之连成整体共同受力。每道梁和排桩交点部位设置一根斜拉桩，桩径 350mm，内置 ϕ50 钢管，桩长 6m，间距 1.5m，与水平夹角 25°，桩头灌浆形成扩大头，桩端埋入梁内，形成刚性连接。紧邻排桩前部，底梁以下设置一排加固桩，桩径 500mm，内置 ϕ50 钢管，桩长 5m，间距 0.75m，桩端埋入底梁，与底梁形成刚性连接。排桩外表面沿堤线方向浇筑 200mm 厚 C30 钢筋混凝土罩面。钢管模袋桩布置如图 12-9 所示。

六、小结

该工程特点是深厚淤泥质地基、两岸用地紧张、征地困难、部分建筑物紧邻河岸边，驳岸型式选择及其地基处理方案是设计重点和难点，也是工程成败的关键。通过对衡重式浆砌块石挡墙、重力式浆砌块石挡墙、悬臂式钢筋混凝土挡墙及混凝土预制块生态挡墙各方案进行充分的技术经济比较，陡墙式堤防采用了衡重式浆砌石挡墙结构方案。河道右岸紧邻高层建筑、石狮市水厂泵房、供水公司供水箱涵段及左岸鞋厂厂房段，由于堤线距离建筑物较近，仅为 2.0~6.0m，采取围护桩的型式进行岸坡防护。依据地勘资料选取单排钻孔灌注桩 + 预应力扩孔锚索及双排钻孔灌注桩两种方案进行比较。经技术经济综合比较，单排桩 + 扩孔锚索方案具有投资节省、占

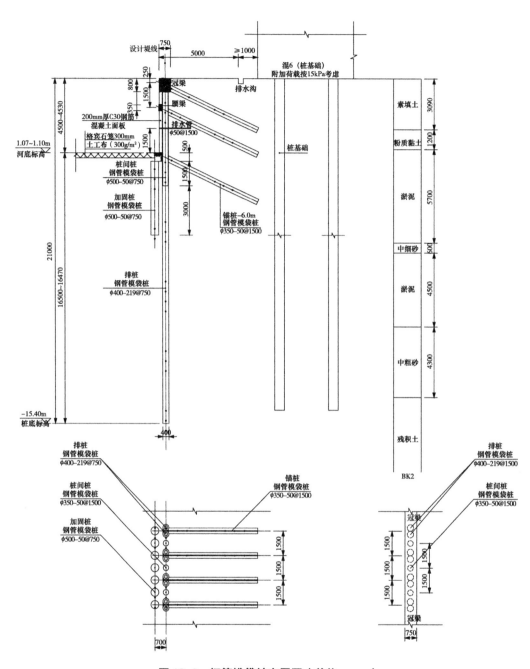

图 12-9 钢管模袋桩布置图（单位：mm）

地面积较少、桩顶水平位移小、更利于保证周边市政构筑物的安全与稳定，但考虑在现场建筑物下进行锚索施工存在困难，建筑物业主不同意在下方施打扩孔锚索。因此，从施工技术合理、可行的方面考虑，建筑物防护采用双排桩方案，供水箱涵防

护采用单排桩 + 扩孔锚索方案。

对大部分堤段采用水泥搅拌桩进行地基处理。部分堤段由于高压线影响，采用高压旋喷桩进行地基处理。

工程实施阶段，对围护桩岸坡防护型式进行设计变更和优化，采用了更为施工方便、快捷、节省的钢管模袋桩防护型式。治理前河道如图 12-10 所示，治理后河道如图 12-11 所示。

图 12-10　治理前河道

图 12-11　治理后河道

第十三章
赤峰市翁牛特旗少郎河综合治理工程

一、工程概况

内蒙古赤峰市翁牛特旗乌丹镇少郎河综合治理工程位于西辽河流域西拉沐沦河一级支流少郎河的中下游,少郎河自西向东在乌丹镇区穿过并在此处与小西河汇流。乌丹镇位于赤峰市中部,是翁牛特旗人民政府所在地,全旗行政、商贸、金融、科技、文教、信息的中心。乌丹镇是集旅游、商贸、有机绿色食品加工及生物化工业为一体的综合性城镇,是赤峰市北部重要交通枢纽。

该工程是乌丹镇城防工程的一部分,少郎河乌丹镇区段一直没有永久性防洪工程,河段塌岸险段有 20 余处。由于河岸坍塌、河道淤积,使过洪断面缩小,过洪能力降低,治理前可通过洪水流量不足 500m³/s,相当于 5 年一遇洪水,远低于 30 年一遇设计洪水要求。

乌丹镇地处少郎河两岸,城市规划按开发区的功能和发展定位,构思以山、水自然要素作为城区的基本要素,营造少郎河两岸开发区绿色山、水、城环境。工程任务:一是修建河道护岸工程,同时进行河道的清淤疏浚,以保护乌丹镇镇域,防止河道塌岸,保护河道上的桥梁以及河道两侧的房屋以及耕地;二是修建拦河景观工程,形成水面以改善区域环境。

二、水文气象

少郎河属西拉沐沦河一级支流,辽河水系。河源头位于翁牛特旗西部灯笼河马场的大梁头,流经翁牛特旗境内 5 个乡镇、场。在海金山牧场的新河林场入西拉沐沦河。全河流域面积 2794km²,河道长 204km。少郎河乌丹镇以上流域面积 1453km²,

河道长 184km，平均比降 6.1‰；小西河为少郎河支流，流域面积 133.3km²，河道长 22.8km，河道比降 16.3‰，在乌丹镇区汇入少郎河。工程以上流域属中山丘陵区向低山丘陵区过渡，有熔岩台地区、土石山区和黄土丘陵区。植被覆盖率低，地形变化大，水土流失严重。

乌丹水文站于 1952 年建站，观测项目有降水、蒸发、流量、泥沙等。通过水文分析计算后，少郎河多年平均天然径流为 $3990.4 \times 10^4 m^3$，小西河多年平均天然径流为 $366 \times 10^4 m^3$。

洪峰流量计算成果见表 13-1。

表 13-1　　　　　　　　　　　　洪峰流量成果表

河流	P=3.3%	P=5%	P=10%
少郎河（m³/s）	840	753	630
小西河（m³/s）	226	202	169

输沙量采用少郎河乌丹水文站实测泥沙资料推算。经统计，该站多年平均含沙量为 69.20kg/m³，年平均输沙量为 193.16 万 t；小西河采用乌丹水文站为参证站，用面积比拟法进行计算，多年平均输沙量为 17.7 万 t。

本流域属于中温带大陆性季风气候区，据乌丹镇气象站多年观测资料（1975~2005 年），该地区多年平均气温为 6.3℃，年内最高气温 28.2℃，发生在 7 月，最低气温 -30℃，发生在 2 月，封冻期在 11 月中旬，至翌年 4 月上旬。最大冻土层深为 1.47m。多年平均最大风速为 18.3m/s，风向多为西北风或西南风，汛期多年平均最大风速 11.8m/s。多年平均降水量 367.2mm，多年平均蒸发量 2040.9mm。

根据乌丹水文站观测资料，该地区在 10 月下旬出现岸冰，在 11 月中旬全部封河，至翌年 3 月下旬至 4 月上旬开河。

三、工程地质

本区域所处的地貌特征为地形起伏较小的低山丘陵及地势平坦的冲积、冲湖积平原。工程所在区域为黄土丘陵区向风沙区过渡段。工程以上为黄土丘陵区，下游为风积沙丘沙沼区。黄土丘陵区山顶多为浑圆，长梁状，山间呈缓坡状，山坡坡角 5~10°。风积沙丘沙沼区地势平坦开阔，上面多有零星的垅状小沙丘分布，在低洼处有季节性小水泡子，并在周围有轻度盐积化现象。

本区地处内蒙古地轴南部边缘隆起中部，自燕山期开始形成，本区长期隆起，火山活动频繁，自下侏罗纪至第三纪均有火山活动，古生代地层零星出露残留于后期侵入体之中，中生代主要为火山堆积。地震动峰值加速度为 0.05g，地震烈度为Ⅵ度。

少郎河由西向东流过，河槽宽约 100m，河两岸分布不对称的河漫滩和一级堆积阶地，一级阶地高 2.0~10.0m。

BⅠ-Ⅰ拦河闸坝建于第四系松散地层之上，地层岩性为粉土，土的渗透变形类型为流土，允许水力坡降为 0.38。坝基渗透系数为 4.2×10^{-4}cm/s，岩土渗透性分级为中等透水。

BⅡ-Ⅱ拦河闸坝建于第四系松散地层之上，地层岩性为粉砂，土的渗透变形类型为管涌，允许水力坡降为 0.25。坝基渗透系数为 7.6×10^{-3}cm/s，岩土渗透性分级为中等透水。

挡土墙边坡地层岩性为低液限粉土，土层处于稍密状态，建议其边坡坡度允许值为：坡高在 5m 以内，坡度允许值为 1∶1.25；坡高 5~10m，坡度允许值为 1∶1.5。

BⅠ-Ⅰ、BⅡ-Ⅱ拦河坝坝肩地貌类型均为少郎河的一级阶地，其地基岩性为低液限粉土，灰褐色，结构稍紧密，粉土厚度约为 10.0m，其颗粒级配为细砂，约占 25%，粉粒 65%，黏粒含量 10%。其质量密度为 1.68g/cm³，天然含水量 6%，比重 2.68，干密度 1.58g/cm³，液限 29.3%，塑限 19.7%，内摩擦角 25°，凝聚力 10kPa，渗透系数为 6.9×10^{-4}cm/s，地基承载力标准值为 145kPa。

河流两岸的岩性为低液限粉土（亚砂土），浅黄~褐黄色，结构疏松，其颗粒级配为砂 45%、粉土 50%、黏土 5%，层厚约 12m。

从挖坑原状土样试验分析，该层平均密度为 1.42g/cm³，比重为 2.65，含水率为 9.7%，孔隙率为 47%，土质结构疏松，河流两岸的平均渗透系数为 1.2×10^{-3}cm/s，内摩擦角 27°，凝聚力为 5kPa，地基允许承载力 180kPa。

四、工程布置及建筑物

本次河道综合治理工程，少郎河从上游规划的跨河南三街开始到乌丹桥下游 500m 处；小西河从规划的玉龙大街上游 200m（西沟桥上游 200m）开始至下游两河交汇处，工程规划治理河段总长 5.1km，其中，少郎河 3.5km，小西河 1.6km。护岸工程 10.84km，清淤疏浚河道长 5.1km，在治理范围内，规划布置拦河闸坝 3 座。设计洪水标准为 30 年一遇，工程等别为Ⅲ等，主要建筑物为 3 级，次要建筑物为 4 级。

1. 平面布置

以满足设计洪水、尽量减少岸坎以上的占地和土方开挖、兼顾景观要求为原则，经过水面线的推求计算，确定设计堤线沿原河道的走向，设计堤线平顺圆滑。将南三街以北河道两岸比较宽的滩地回填到 3.6m 高程，形成 3 个带状公园。在河道中心形成一座面积 28 亩的小岛。

2. 横断面设计

由于河道为窄深式，采用了复式断面的形式。拦河闸坝回水范围之内，护岸顶宽 4.5m，内坡设 4.5m 宽平台，平台高 3.6m，平台以上边坡为 1 : 3，平台以下边坡为 1 : 2.5；沟槽平均深度 6.0m 左右。每隔 200m 在平台以上斜坡上设一道 10~20m 宽度的踏步。在少郎河南三街以北水深小于 1.5m 的地方两岸共设置了 6 个 80~100m 宽的亲水平台，在小西河两岸共设置了 4 个 60~80m 宽的亲水平台，以方便人们休闲娱乐。

3. 护坡护岸设计

考虑满足河道防洪安全并结合景观规划，采用了多种护坡护岸形式，包括草皮护坡、舒布洛克联锁式护土砖护坡、混凝土六棱体彩砖护坡、半缝混凝土板护坡、舒布洛克生态砖自嵌式挡土墙、仿石混凝土挡土墙、重力式混凝土挡土墙以及重力式（衡重式）浆砌石挡土墙护岸。公园处采用衡重式浆砌石挡土墙护岸，总长 2065m，结合景观工程建设在墙上做浮雕或种植攀爬植物，墙顶设置 1.0m 高汉白玉护栏。河道两岸岸坡平台以下采用半缝混凝土板护坡结构，采用重力式混凝土挡土墙护脚结构，平台以上采用舒布洛克联锁式护土砖植草护坡。中心小岛正常水位以下采用 2.5m 高重力式混凝土挡土墙，长 500m；正常水位以上采用 3.3m 高舒布洛克生态砖砌筑自嵌式挡土墙，长 500m；平台以上采用仿石混凝土挡土墙护脚，高出平台 0.5m，墙顶罩理石护面增加美观效果并供人们休息使用。

4. 拦河闸坝设计

结合乌丹镇核心景观区建设的要求以及拦河工程的供水水源状况，在治理范围内，布置拦河闸坝 3 座，均为钢坝闸型式。在小西河桩号 1+500m（西沟大桥下游 1500m）处布置第一座钢坝闸（BⅠ-Ⅰ）工程，闸高 2.5m，净宽 20m，1 孔，在玉龙大街处回水深可达 1.0m；在少郎河桩号 1+600m（全宁桥下游 200m）处布置第二座钢坝闸（BⅡ-Ⅱ）工程，闸高 2.5m，宽 80m，2 孔，设 5m 宽中墩（中墩内设置两台集成液压启闭机），每孔净宽 37.5m，在 BⅠ-Ⅰ 钢坝闸下游回水深为 1.74m，在南三街处回水深达到 0.45m；在乌丹桥下游 300m 处布置第三座钢坝闸（BⅢ-Ⅲ）工程，闸高 2.5m，在 BⅡ-Ⅱ 钢坝闸下游回水深为 0.95m。本次实施两座，即钢坝闸（BⅠ-Ⅰ）和钢坝闸（BⅡ-Ⅱ），两座拦河闸坝工程形成连续水面 270 亩，总库容可达 27.76 万 m³。

BⅠ-Ⅰ 钢坝闸启闭机容量为 1 台 2×500kN GBQ-1 集成液压启闭机。BⅡ-Ⅱ 钢坝闸启闭机容量为 2 台 2×1000kN GBQ-2 集成液压启闭机。

少郎河两岸耕地内有很多机电井，根据乌丹镇地下水的情况，单井出水量可达 120m³/h，征用 10 眼井作为钢坝闸的水源井，配备泵型为潜水泵 250QJ（R）125—58/2，扬程 60m，共计 10 台。

BⅠ-Ⅰ 钢坝闸及 BⅡ-Ⅱ 钢坝闸共用一台变压器，按照同时启闭考虑，选择 1 台容量为 250kVA 变压器。两岸耕地内机电井的间距为 200~400m 不等，共计 10 眼井，每个电机功率为 30kW，每 2 眼井配一台变压器，选择 6 台容量为 75kVA 变压器。

5. 沿岸景观设计

把河道治理、环境美化、人文文化有机结合起来，以河道的自然形态为根本，以人文景观为依托，挖掘当地民族习俗、大漠风情等文化底蕴，沿小西河北岸布置了沙滩微景点、娱乐广场、象形文字、动物造型等微景观，南岸结合民族风情和辽文化在立墙上设置了蒙古族风情、玉龙玉凤雕塑、廉政文化主题公园等景点，最后以过水廊桥彩虹桥汇入少郎河，整个建设与绿草树荫紧密融合，筑起一道绿色生态人文景观长廊，美观、整洁、大方。

五、工程实施及效果

少郎河综合治理工程于 2011 年 9 月开工建设，2012 年 10 月完工。

通过修建河道护岸工程，同时进行河道的清淤疏浚，防止河道塌岸，保护乌丹镇、保护河道上的桥梁、保护河道两侧的房屋以及耕地；通过建设两座 2.5m 高钢坝闸，形成 270 亩景观水面，改善了区域生态环境。在满足河道防洪安全前提下，结合景观需要采用了多种护坡护岸形式。

结合全面推行和落实河长制管理体系，彻底根除了影响河道生命健康的乱占、乱采、乱堆、乱建等顽疾。

考虑到城市景观用水和城区地下水的水源补给问题，酝酿实施引杖房河水入少郎河的环城水系建设，杖房河水入布日敦湖引水成功后即规划实施布日敦湖至少郎河城区段河湖连通工程，引杖房河水入乌丹城区少郎河和玉龙工业园区，统筹解决乌丹城区工业、生态用水和地下水补给问题，着力打造乌丹环城水系，提高城市防洪能力、改善城区水环境、提升乌丹城市品位。少郎河生态长廊建设及城市开发深度融合，紧扣绿色理念，在满足河流功能的基础上逐步向"生态持续"转变，为河道治理通了"一道门"，启了"一扇窗"。河道岸坡典型断面一如图 13-1 所示，河道岸坡典型断面二如图 13-2 所示，治理前的少郎河如图 13-3 所示，少郎河治理工程效果如图 13-4 所示，治理后的少郎河如图 13-5 所示。

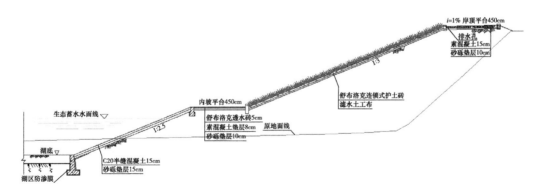

图 13-1　河道岸坡典型断面图一

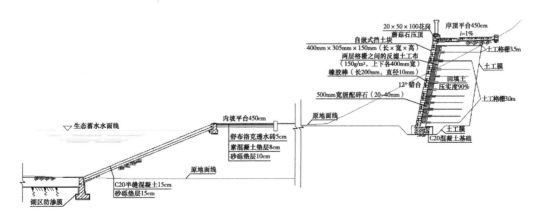

图 13-2　河道岸坡典型断面图二

图 13-3　治理前的少郎河

图 13-4　少郎河治理工程效果图

图 13-5　治理后的少郎河

第十四章
界首市万福沟水系综合治理工程

一、工程概况

界首市位于安徽省西北部，是安徽省阜阳市下的县级市。万福沟位于颍河左岸，发源于界首市邴集乡董寨村，由西北流向东南，在界首市境内河道总长 25.30km，境内流域面积 159.90km²，辖邴集乡、光武镇、大黄镇、靳寨乡、西城办事处、东城办事处等 6 个乡镇办事处，在界首市王老家东流入太和县。界首市境内万福沟的支流主要有如意沟、黄水冲、南八丈河、光芦河、西坡河、界亳河、中心沟、南西蒲沟、马沟、南东蒲沟等。

本工程治理范围： 万福沟干流治理段起于邴集乡董寨村，终于靳寨乡张大桥闸，全长 18.3km。干流治理段绿化范围为河道两侧各 50m。万福沟各支流治理段长度共计 55.9km。各支流治理长度由干支流汇流口向上游分别为：如意沟 5.5km、黄水冲 5km、光芦河 13km、西坡河 7.6km、中心沟 7.3km、南西蒲沟 6.9km、马沟 10.6km。支流治理段绿化范围为河道两侧各 10m。

工程治理目标： 通过河道综合治理，实现"水清、河畅、岸绿、景美、可持续"的工程治理总体目标。

工程治理核心任务： 一是水利工程，通过清淤疏浚、开挖拓宽，使河道满足防洪排涝的要求，防洪排涝标准由现状的 5 年一遇提高到 10 年一遇，通过河网连通，水系循环，补水蓄水，使域内河流流动起来，修复河流生态，恢复河流生命；二是水环境及水生态工程，通过截污控源、净化水质、消除黑臭，提升水体自净能力，实现水质改善目标——近期消除水体黑臭，远期主要水质指标达到《地表水环境质量标准》Ⅳ类标准，具有较好的水质感官与生态景观效果，营造良好的亲水环境，构建完整的水生态系统，恢复水体自净能力，并具备生态完整性的基本水质条件；三是景观绿化工程，通过河道及周边生态环境的提升，展示新的沿河滨水空间，为群众提供新的亲水空间，改善人居生活品质，使沿河两岸成为生态风景旅游区与文化交流区。

二、自然条件

（一）地形地貌

界首市属沉积平原，地势平坦，地面高程 37.50~34.50m（1985 国家高程基准），呈西北高东南低，地面比降 1/8000~1/10000。

（二）工程地质与水文地质

区域地层分布具有一元性，即区域广泛出露的地层均为 Q_3 沉积地层，第四系地层厚度在 500m 以上。Q_3 地层以粉质黏土、粉质壤土、砂壤土、砂土为主，其中地表出露的主要为粉质黏土；Q_4 地层分布范围较小，主要为河道内分布的淤积土及回填土，强度一般较低。

地下水大部为孔隙潜水，主要以大气降水和丰水期河水补给，排泄方式以蒸发和向河道排泄为主。根据区域水文地质资料分析，地下水以 HCO_3–Ca 和 HCO_3–Na 型为主，矿化度较小，对混凝土微腐蚀。

（三）水文气象

界首市处于暖温带与北亚热带的过渡区，属于暖温带半湿润季风气候。年平均气温 14.7℃。春短多风旱，夏长而湿热，秋凉且风爽，冬长而干寒。界首市多年平均降水量 886.5mm，雨量适中，年际间变幅较大，年内季节分布不均。雨季一般在 6 月下旬至 8 月上旬。

三、状况调查

（一）水利工程状况

万福沟干流上游河道（董寨至苗桥）共 11.85km，现状河道底宽 4~10m，边坡

1∶2.3~1∶2.7，该段河道现状过水能力达到 5 年一遇除涝标准。万福沟干流河道中水草、浮藻较多，底泥淤积较严重，减少了河槽的过水面积。治理前河道淤积状况如图 14-1 所示。

图 14-1　治理前河道淤积状况

（二）水环境状况

1. 内源污染

河道内源污染主要为底泥中的污染物以及水体中各种漂浮物、悬浮物、岸边垃圾、未清理的水生植物或水华藻类等所形成的腐败物。

2. 外源污染

（1）点源污染。万福沟干流下游（前聂南至张大桥闸）两岸分布多个工厂，这些工厂大多为生产塑料的工厂，而且生产废水并未纳入市政污水管网，直接排至万福沟内。

（2）面源污染。万福沟干流及支流沿线分布大量的村镇，沿线村镇的居民生活污水基本为散排，降雨时残留在地表的生活污水及农田化肥农药等污染物会随地表径流进入水体中，产生面源污染。内外源污染状况如图 14-2 所示。

农田尾水

工业废水

生活污水

图 14-2　内外源污染状况

万福沟干流上游水质类别为Ⅴ类，溶解氧含量较高，河道内泥沙淤积严重、水草和浮藻较多，水体浊度较高；下游水质类别为劣Ⅴ类，溶解氧含量较低，河道内底泥淤积、水生植物少，水质浑浊。万福沟各支流与干流相似，水体自净能力差，水体中污染物较多，水草或浮藻泛滥，导致水体富营养化严重，水质感官效果差。由于万福沟下游的张大桥闸常年处于关闭状态，水体流动性差。万福沟干流及其支流治理段状况均属于黑臭水体。水体富营养化状况如图 14-3 所示。

水体富营养化

图 14-3　水体富营养化状况

（三）景观状况

1. 植被与两岸景观状况

沿河道两侧分布经济林带，以乔木＋水生植物＋野草为主。植物品种以柳树、杨树等林带为主，还包括香樟、泡桐、芦竹、水花生等。植物景观性较差，野草较多，有害水生植物较多。河岸形态及植被单一、缺少观赏性。两岸景观建筑缺失，缺少文化底蕴。治理前植被与两岸景观状况如图 14-4 所示。

图 14-4　治理前植被与两岸景观状况

2. 景观节点状况

景观节点：张大桥闸、祝楼大戏台、万事如意桥、邴集古桥。治理前景观节点及居民可休憩活动场地较少，且景观效果有待提升，如图 14-5 所示。

3. 道路及桥梁状况

周边道路包括市政道路 S255 和村道，路网丰富，路面平整。临水步道较少，仅在祝楼和姜楼附近有短距离步道，以水泥和土路两种形式。桥梁较多，以市政功能桥梁为主，还包括邴集古桥等具有观赏价值的桥梁。

图 14-5　治理前景观节点状况

四、工程设计

（一）水利工程设计

1. 疏浚工程

在干支流污染底泥清除基础上，对瓶颈河段和淤高河底进行挖除，清除土方用于周边景观微地形建设，使得规划河段全面达到 10 年一遇排涝要求。疏浚断面平均拓宽 2~10m，临水坡比 1∶2.5~1∶5，坡岸防护根据水流条件及景观需要设置。共疏浚河道 68.4km，疏浚土方约 141.8 万 m³。治理前河道状况横断面如图 14-6 所示，河道设计横断面如图 14-7 所示。

2. 生态补水工程

利用颍河水质好、水量大的特点，通过建设界亳河泵站，沿界亳河逆流而上补水至万福沟张大桥闸上，进而通过万福沟闸坝泵站工程和支流连通工程，实现万福沟全水系贯通，在枯水期给万福沟流域生态补水。水系连通建设内容，上水线路长

图 14-6　治理前河道状况横断面

图 14-7　河道设计横断面

26km，重力流线路长 61km，共建设拦河闸坝 14 座，提水泵站 1 座，年补水量 1400
万 m³。

补水方案采用"整体规划、近远期结合"的推进策略，近期实施"一干七支"
范围内工程内容，其余补水工程作为远期根据城市远景发展和城镇化进程同步实施。

3. 护坡护岸设计

在统筹考虑河道排涝安全、空间利用、景观布置等不同需求情况下，根据各河
段特点采用多种自然生态护坡护岸型式，平缓顺直处采用水生植物护岸、陡坡亲水
区块石护岸、临公路侧苏布洛克连锁砖护岸、曲岸冲刷严重部位格宾石笼护岸等型
式，既满足河流基本功能需求，又富于变化和完美地与周边环境相融合，与整个流
域综合治理方案协调统一。护坡护岸如图 14-8 所示。

图 14-8　护坡护岸（一）

图 14-8　护坡护岸（二）

（二）水环境与水生态工程

1. 内源治理工程——底泥清淤及垃圾清理工程

采用水力冲挖或干地开挖的方法进行底泥清淤。对于重金属含量超标的底泥运往垃圾填埋场集中处理；对于重金属含量少，主要为氨氮、COD超标的底泥，结合两岸绿化景观建设就近利用。

采用人工和机械清理岸带垃圾，采用人工和机械打捞船清捞水草、浮藻及漂浮物，按规定实行无害化处理，用密闭垃圾运输车运送至垃圾中转站压缩转运或直接运送至生活垃圾填埋场进行填埋处理。底泥清淤及垃圾清理如图14-9所示。

图 14-9　底泥清淤及垃圾清理

2. 外源治理工程 – 工业污染治理

万福沟下游截污管网工程设计范围起于万福沟前聂庄桥，止于张大桥闸，设计截污管网河段全长3.55km，沿河两侧敷设截污管道及配套设施，收集沿线工业废水，废水经由泵站提升后，接入附近市政污水管网。对于中心沟、南西蒲沟沿线排入河道的工业废水，同样沿河敷设截污管道及配套设施，收集沿线工业废水，接入附近市政污水管道。共建设截污管线4.85km，污水提升泵站4座，日控制污水排放量约1.72万t。工业污染治理（污水管道）如图14-10所示。

图14-10 工业污染治理（污水管道）

3. 外源治理工程——生活污水治理

设置稳定塘及一体化处理系统对附近村屯生活污水进行处理，净化后的水体经出水渠进入万福沟内。共布置9处稳定塘、7处一体化处理系统工程。

（1）稳定塘污水处理工程。

利用万福沟上游村镇段原有坑塘进行改建，对旧的水塘、沟渠、水坑等进行适当修整，设置围堤、防渗层、人工曝气装置等形成稳定塘。生活污水在进入稳定塘之前经格栅井进入沉渣池进行预处理，再自流或经泵提升至稳定塘，在稳定塘中利用微生物和植物净化作用去除水中有机污染物，净化后的水体经出水渠进入万福沟内。稳定塘污水处理如图14-11所示。

（2）一体化污水处理系统。

一体化污水处理设备是将厌氧消化池、厌氧过滤池、接触氧化池、污泥池等集中一体的水处理设备。基于城市周边建设用地有限同时管网建设相对成熟等因素考虑，对于靠近城市段居民区产生的污水选用该种一体化污水处理设备进行处理净化。

本项目中一体化污水处理系统位于张大桥闸上游居民区，采用接触氧化法工艺，

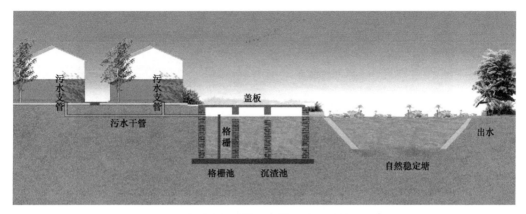

图 14-11 稳定塘污水处理工程

设计流量为 80m³/h，出水达到《城镇污水处理厂污染物排放标准》（GB 18918）一级
A 标准。一体化污水处理系统如图 14-12 所示。

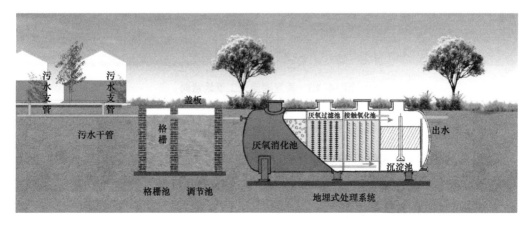

图 14-12 一体化污水处理装置意向图（一）

图 14-12　一体化污水处理装置意向图（二）

4. 尾水提标工程

本工程采用下行垂直潜流人工湿地 + 上行垂直潜流人工湿地工艺进行万福沟流域治理范围内 4 个污水处理厂尾水提标（一级 A 标准→Ⅳ类标准）。垂直潜流人工湿地意向如图 14-13 所示，下行 + 上行垂直潜流人工湿地工艺如图 14-14 所示。

图 14-13　垂直潜流人工湿地意向

5. 水质净化工程

通过运用推流曝气机、喷泉曝气机、生态浮岛、碳素纤维草（生态水草）及水生植物种植等生态环境保护措施，解决河道内水体流动性差、水草和浮藻泛滥等问题，实现水质净化和景观提升。

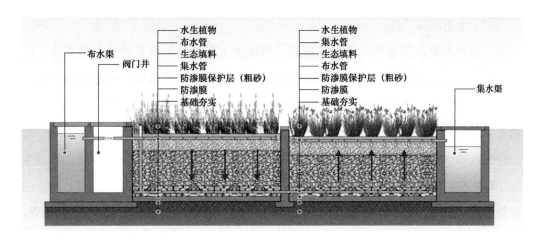

图 14-14　下行 + 上行垂直潜流人工湿地工艺

（1）曝气增氧循环工程。

河道曝气增氧技术是根据河流受到污染后缺氧的特点，利用自然跌水（瀑布、喷泉、假山等）或人工曝气对水体复氧，促进上下层水体的混合，使水体保持好氧状态，以提高水中的溶解氧含量，加速水体复氧过程，抑制底泥氮、磷的释放，防止水体黑臭现象的发生。恢复和增强水体中好氧微生物的活力，使水体中的污染物质得以净化，从而改善河流的水质。

万福沟为平原型河流，不适合利用自然跌水进行水体曝气增氧，因此采用喷泉曝气机与推流曝气机等人工曝气方式。推流曝气机等潜水推流设备广泛应用于河道等比较狭窄的水域中，利用设备推流作用，强化水体循环流动，防治藻类肆意生长。万福沟干流治理段全线布设推流曝气机，实现水体循环流动曝气增氧，另外，在居民区河段增设喷泉曝气机，配合生态浮岛工程，增强水质净化能力，实现景观提升效果。喷泉曝气机运行效果如图 14-15 所示，推流曝气机运行效果如图 14-16 所示。

图 14-15　喷泉曝气机运行效果

图 14-16　推流曝气机运行效果

（2）生态浮岛工程。

生态浮岛是利用植物无土栽培原理，将生态工程技术和农艺技术结合起来，以浮岛作为载体，人工把高等水生植物或改良陆生植物种植到水面，通过植物根部的吸收、吸附和根际微生物对污染物的分解、矿化等作用，削减富营养化水体中的氮、磷等营养物质和有机物，抑制藻类生长，净化水质，恢复良好的水生生态系统，是一种有效的水体原位修复和控制技术。本工程拟在居民区河段按一定面积比例布设生态浮岛，在浮岛上种植挺水类植物——千屈菜和黄菖蒲等，植物根系可以吸收水中的污染物质，抑制河道内水草和浮藻大量繁殖，实现水质净化的同时，提升景观效果。生态浮岛及布设效果如图 14-17 所示。

图 14-17 生态浮岛及布设效果

（3）生物载体工程。

生物载体是实施河湖污染水质净化的生物手段，具有维护管理成本低、构造简单、操作容易等特点，有利于削减水体内源污染、改善水质，促进河湖物质循环和生态循环的形成。生物填料是一种具有空间网状结构的高分子材料，通过分子设计，在载体中引入大量活性和强极性基因，将大量的有益菌和酶制剂牢牢固定在载体上，实现微生物的固定化。目前河道治理使用较多的生物填料包括生态水草、碳素纤维草、生物毯等。

为了增强万福沟干支流治理段的自净能力，拟在干流的下游河段水深较大处推流曝气机下悬挂一定长度的生态水草单元，喷泉曝气机附近的生态浮岛下悬挂碳素纤维草。在支流推流曝气机下游一定距离布设生态水草单元，结合曝气增氧设备及生态浮岛，实现水质净化。生态水草及布设效果如图 14-18 所示，碳素纤维草及布设效果如图 14-19 所示。

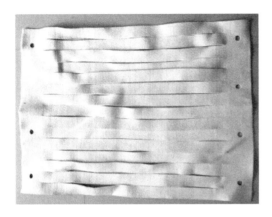 

图 14-18　生态水草及布设效果

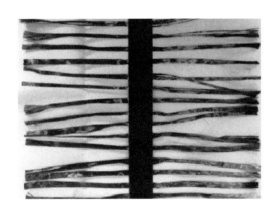 

图 14-19　碳素纤维草及布设效果

（三）景观提升工程

1. 总体景观设计

（1）设计范围。

干流：万福沟两侧绿色走廊（绿线至河岸线）各为 50m 宽。

支流：如意沟、黄水冲、西坡河、光芦河、中心沟、南西蒲沟、马沟 7 条支流两侧绿带各为 10m 宽。

（2）总体功能定位。

打造界首市多样性生态廊道，即田园观赏型生态廊道、生态防护型生态廊道、休闲游憩型生态廊道、经济效益型生态廊道。

（3）总体设计理念——彩林畔·幸福田。

碧水潺潺地流动，五彩斑斓的叶片，雨过天晴，清风徐来，映衬着万物明净的景象。将文化艺术、城市滨水休憩活动、村庄民风民俗等元素渗入自然，重寻文化之脉，实现文融大地、感受乡愁。

2. 万福沟景观设计

（1）万福沟总体景观结构。

总体景观结构分为"一带、三区、五重点"。

一带：万福水活带 + 彩林生态带。

三区：生态产业区 + 自然人文区 + 乡土风情区。

五重点：富——叠彩迎宾；安——轻纱翠岸；贤——印象光武；禄——耕读渔乐；寿——古桥璞影。

（2）万福沟种植设计结构。

万福沟种植设计整体打造乡土野趣的多彩林带。一带：融乡土田园特色的多彩生态绿廊。

三区：风景片林，特色营造。

五点：群落种植，主题强化。

骨干树种选择：生态产业区—紫色—紫槿花开：紫玉兰、巨紫荆、榉树。

自然人文区—黄色—杉柳林茂：池杉、落羽杉、金叶榆。

乡土风情区—红色—枫香果郁：三角枫、枫香、枫杨。

（四）自动监测工程

水质在线自动监测系统可采集可靠的高频次水质数据，能够及时掌握实时水质状况，提高决策和管理的效率，更好地实现区域水质监测预警应急工作。对其中的水质情况进行定量监测和监控，再结合人工及实验室检测，实现在线监测与实验室检测的结合，并通过大数据分析，达到对水质信息的实时掌控，以实现水质安全预警以及水质应急管理。水质在线自动监测系统结构如图 14-20 所示。

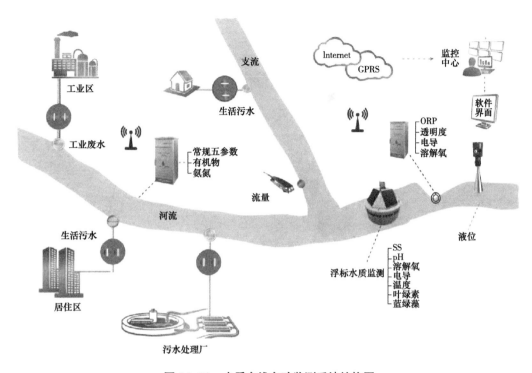

图 14-20　水质在线自动监测系统结构图

1. 系统组成

（1）在线监测仪表：位于各监测点的现场监测点，安装有水质监测仪表，以实时在线监测水质参数。

（2）信号采集与无线传输：主要使用先进的控制输出系统，用于采集分析仪表输出的水质参数信号，无线网络传输模块，基于 GPRS 网络，将水质参数传输到远程数据中心站。

（3）远程数据中心站：数据中心站配置服务器，安装水质在线监控系统软件，可实现远程浏览数据、自动下载数据、自动数据导出、远程控制、异常警报功能、曲线图形分析及高级数据处理等功能。水质在线监测设备如图 14-21 所示。

2. 监测点布置

本工程在万福沟及其 7 条支流上设置共 11 个水质监测点，各水质监测点布设情况如下：

（1）万福沟干流。

监测点数：4 个。

图 14-21　水质在线监测设备

分布位置：张大桥闸上游、万福沟靳寨段、万福沟光武段、万福沟郏集段。

监测指标：水温、pH、溶解氧、电导率、浊度、氧化还原电位、COD、氨氮。

设备类型：柜式。

（2）万福沟支流。

监测点数：7个。

分布位置：如意沟、黄水冲、光芦河、西坡河、中心沟、南西蒲沟、马沟各1个（入万福沟河口上游）。

监测指标：水温、pH、溶解氧、电导率、浊度。

设备类型：浮标式。

第十五章
沈阳市造化排支综合整治工程

一、工程概况

沈阳市造化排支拟治理水系位于沈阳市浑北灌区，造化排支为灌区排水沟道。浑北灌区地处沈阳市西北部，东起于东陵天柱山脚下汪家乡陵前堡村，西至新民市车古营子水库，北达解放乡的陆家窝堡，南到沙岭镇，全灌区东西长48km，南北宽22km，由浑河引水灌溉。造化排支改造总长为4.435km，现状均为土质边坡，设计过流能力15~27.2m³/s。

2015年4月16日国务院正式发布《水污染防治行动计划》，要求地级及以上城市建成区应于2015年底前完成水体排查，公布黑臭水体名称、责任人及达标期限；2017年底前实现河面无大面积漂浮物，河岸无垃圾，无违法排污口；2020年底前完成黑臭水体治理目标。沈阳市从2015年开始全面启动城市水系综合治理工作，将造化排支列入整治范围，要求2017年9月底消除黑臭水体，2018年完成景观及配套工程。本工程主要建设内容包括控源截污、内源治理、引蓄水源工程、生态修复、拦河蓄水工程和区域监控等。

二、工程建设条件

（一）气象水文

造化排支水系位于沈阳市浑北灌区，属于受季风影响的湿润型温带大陆性气候，其主要特点是四季分明，雨热同季，降雨集中，日照丰富，温差较大，冬季漫长。多年平均气温为8.1℃，最高气温38.3℃，发生在7月，最低气温为−30.6℃，发生在1

月，作物生育期平均气温 19.9℃；多年平均蒸发量为 1451.5mm，其中，5、6 月平均蒸发量均在 200mm 以上，作物生育期蒸发量为 1095.9mm，占全年蒸发量的 77.7%；多年平均无霜期为 158 天。最大冻土深 148cm，标准冻土深 120cm。浑北灌区东西长 48km，南北宽 22km。区内土地面积 285.5km²，耕地面积 33 万亩，其中，设计灌溉面积 16.33 万亩。

（二）地形地质

拟建工程场区及其影响范围内地形开阔平坦，地貌单元属冲积阶地，无滑坡、泥石流、地下采空区及塌陷区等不良地质条件，项目建设运行时间较长，建筑地基基本稳定，建筑物无明显地基沉降等不良地质问题，持力层满足项目要求，总体工程地质条件较好。天然建筑材料储量及质量均满足设计用量要求。项目场区内无区域活动性断裂通过，总体上属构造相对稳定区。地震基本烈度为Ⅶ度。区域稳定性较好。

三、工程任务及总体布置

（一）工程状况及存在问题

1. 生产生活污水直排现象严重

水体多数存在生活、厂矿废水污水直排入造化排支，给水体带来较高的污染负荷。此外，周边耕地等面源污染伴随地表径流等汇入河道也增加了水体污染负荷。同时，由于多年污染物累积，导致项目段河道底泥富集大量营养元素，将源源不断释放进入水体，加剧水体黑臭现象。造化排支污水直排状况如图 15-1 所示。

图 15-1　造化排支污水直排状况

2. 河道淤积严重、垃圾堆积问题突出

经多年运行，河道淤积严重，河底及岸坡均存在不同程度的垃圾倾倒、堆放现象，严重污染水体，造成黑臭，减少了河道过水断面，降低了河道泄洪排涝能力。造化排支河道淤积严重及垃圾堆积状况如图15-2所示。

图15-2 造化排支河道淤积严重及垃圾堆积状况

3. 防洪排涝能力低、岸坎无防护

造化排支流域地处沈阳西南低洼地区，行洪断面不足，过流能力低，洪水位高于岸顶，一旦遭遇洪水，河道周边将遭受洪水威胁，两岸百姓及企业的生命财产安全难以保障，内涝洪水排泄时间延长，对城市未来发展造成了一定的局限和阻碍。治理前已防护岸坎存在不同程度的破损，无防护的岸坡也有种植庄稼情况，既有岸坡已无法满足沈城未来规划发展需要。造化排支防洪排涝能力低及岸坎无防护状况如图15-3所示。

图15-3 造化排支防洪排涝能力低及岸坎无防护状况

4. 景观系统缺失

治理前河道两岸没有配套任何景观设施供周边行人使用，也没有提供给游人散步及骑自行车的慢行道路和路灯、休息场所等配套设施。随着未来的发展，水系景观的提升已是迫不及待。造化排支景观系统缺失状况如图 15-4 所示。

图 15-4 造化排支景观系统缺失状况

5. 生态系统不完善

拟治理河段各类水生生物品种基本绝迹，没有形成完整的群落，生态系统基本全面崩溃，水体混浊，流动性差，透明度不高，水体自净能力差，无法消纳入河污染物。造化排生态系统状况如图 15-5 所示。

图 15-5 造化排支生态系统状况

（二）工程任务与总体布置

该工程是以河道为主线的水系治理工程，以优先消除黑臭为主要任务，同时兼顾防洪排涝治理和环境景观提升，对现有水体进行综合整治，达到提升周边市民的居住环境，根治水体黑臭的目的。对造化排支改造总长为 4.435km，主要建设内容分为控源截污、内源治理、引蓄水源工程、生态修复、拦河蓄水工程和区域监控等。

通过底泥清淤和岸线修复等措施，在河道水质达到相关要求和满足设计防洪标准的前提下，对河道进行绿化及生态建设。结合河道行洪、景观等功能，注重蓄水主槽岸线及水边际线景观的丰富性。

四、工程设计

按照保护对象的规模、重要性和防护要求，参照《防洪标准》（GB 50201）、《灌溉与排水工程设计规范》（GB 50288）和《城市防洪工程设计规范》（GB/T 50805）有关规定，整治后河槽排水能力满足远期规划标准，涝水设计标准按暴雨重现期 10 年进行设计，工程等别为Ⅲ等。

（一）控源截污

从源头控制污水向河道内排放是最为直接有效的工程措施，也是采取其他技术措施的前提。造化排支北岸部分农村范围尤其是丹阜高速上游支流汇入口存在生活污水散排进入河道，排水量均小于 500t/d，拟在造化排支支流汇入口处新建污水处理系统一处。污水处理系统主要由预处理系统、多功能污水处理装置及深度处理单元组成。

1. 预处理系统

预处理系统包括格栅渠及三格式调节池，格栅渠设置于污水提升泵前，主要作用是拦截较大的污物，以保护污水提升泵不受损害。

三格式调节池内设置污水提升泵。

2. 多功能污水处理装置

多功能污水处理系统由厌氧池、清淋转盘、絮凝反应池、DE 滤池以及紫外消毒等工艺组合而成。进入该污水处理系统内的污水经过一系列的物理化学反应及生物作用，达到污水净化的目的。采用半地上钢筋混凝土结构。

3.深度处理单元

深度处理单元包括药剂的投撒和污泥脱水机房。药剂的投撒种类及具体投加量需要根据实际进出水水质，在现场通过烧杯试验确定。

污泥脱水机房内放置污泥脱水机、配套的泡药机、计量泵等。污泥储池内的剩余污泥经潜污泵抽送至污泥脱水机进行脱水处理，脱水后的泥饼由污泥车外运处理。污泥脱水机房采用地上砖砌结构。

（二）内源治理

治理前河道河底及岸坡均存在不同程度的垃圾倾倒、堆放现象，严重污染水体，造成黑臭，同时由于多年未经治理，沉积的淤泥及污染物既造成河床壅高又存在一定的环境污染。根据调查结果分析研究，采取如下处理方案：

1.垃圾清运

利用小型挖机对主槽与岸坡堆积垃圾进行清理，再利用大型垃圾车运至垃圾填埋场。

2.清淤工程

造化排支河道底泥污染多为生活污水及养殖场排放的粪便，底泥重金属及毒性物质含量较低，不属于危险废弃物，可以将底泥清理集中除臭后填至岸坡作为绿化肥料使用，简单易行，变废为宝，投资低廉，清淤工程产生的河底淤泥采用好氧生物除臭剂处理，将药剂混合于底泥内，满足专业药剂厂家设计要求。清淤工程完成后，对河道采用原位投撒微生物药剂方式进行处理，使河道内水质达到水清、无味，符合黑臭水体整治验收标准，提升周边市民的居住环境，原位投撒微生物药剂治理河段河道总长度为4.435km。新开挖河道段开挖产生的土方用于改线段原河道的回填，回填前将对原河道进行原位投撒微生物药剂治理，底泥和水质符合黑臭水体整治验收标准后方可回填。

（三）引蓄水源工程

为满足造化排支治理后河道内有稳定清洁水源，形成景观水面，提供水体流动性，营造良好的亲水环境，在北干渠与造化排支交汇处引水作为造化排支的景观补给用水。引水方式为泵站提水，经地埋管线提至上游，再通过造化排支向下游自流，形成景观水系。新建提水泵站 1 座，设计引水流量为 0.4m³/s，铺设管径 0.5m 双排球墨铸铁管输水管线总长 9000m，河道边坡和底部进行防渗，同时在上游新建溢流堰 1 座；在西江街上游处设拦蓄气盾坝 1 座，用于调蓄景观水位。

（四）生态修复

1.岸带修复

（1）护岸工程。

对钢筋石笼挡墙、自嵌式挡墙、浆砌石挡墙 3 种护砌结构型式进行技术经济比较，自嵌式挡土墙景观效果最好，但工程进度受预制产能影响较大，且投资较高；浆砌石墙工程质量较难控制，景观效果较差，受冻融影响耐久性较差；钢筋石笼挡墙生态效果好，且投资节省，钢筋经过防腐处理具有较好的耐久性。经综合比较，确定亲水平台以下河道护岸采用钢筋笼挡土墙防护，平台以上采用生态护坡。

1）钢筋笼直墙护岸。

设计主槽河岸采用钢筋笼直墙护岸型式（钢筋涂防腐漆后再组装网箱），迎水面为阶梯型结构，共分 3 层，护岸高度为 1.4m，顶面为条形混凝土压顶，尺寸为 0.5m×0.2m，顶层钢筋笼钢筋伸入压顶，压顶采用沥青杉板分缝，分缝距离 10m。压顶以上设混凝土柱型栏杆，混凝土柱强度指标为 C30，高度 1m，长宽尺寸为 0.15m×0.15m，栏杆内穿插 2 道镀锌钢管，壁厚 3mm，管内灌注水泥砂浆，混凝土柱及栏杆均刷漆处理。

2）亲水平台。

直墙压顶及栏杆一侧设 2m 宽亲水人行路，铺设彩色步道砖，砖体尺寸为 236mm×110mm×60mm，下设 20mm 厚 M7.5 水泥砂浆黏结层、200mm 厚 5% 水泥稳定碎石层，碎石层以下设 200mm 厚级配砂砾（最大粒径 5.3cm），地基土压实度不低于 0.9。亲水平台临近岸坡一侧设 1100mm 高、450mm 宽的钢筋笼护脚，埋入地下 600mm，顶面铺设防腐木板供游人坐下休息。

3）蜂巢土工格室草皮护坡。

岸坡采用蜂巢土工格室草皮护坡，范围为亲水平台至岸顶慢行系统，防护全部干流两岸沿线。设计土工格室是一种高分子复合型结构环保蜂巢格栅，厚度 150mm，格室尺寸290mm×340mm，采用锚钎固定于岸坡，巢室有加筋带固定，巢室内填种植土并铺草皮。边坡坡比为1∶2.0。蜂巢格室需由专业厂家指导，并通过具有相关资质单位实施。

4）连接台阶。

为便于行人从慢行系统下至亲水平台，每隔100m设混凝土漫步台阶一处，坡比1∶2.0，为C30混凝土结构，连接亲水平台及岸顶慢行路。

岸带修复设计横断面如图15-6所示。

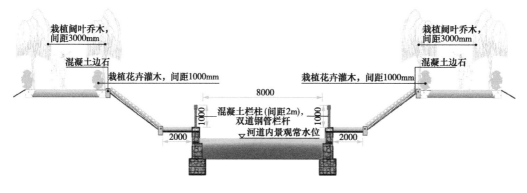

图15-6 岸带修复设计横断图

（2）慢行系统。

造化排支新建慢行系统彩色沥青路面，路宽4m，两侧各设0.7m宽植草沟生态带，栽植乔木、灌木，路面采用彩色沥青或混凝土路面，进行白色热熔标识铺设和路面漆彩印，效果如图15-7所示。慢行系统沿线配套座椅、导视牌、垃圾桶，并在慢行系统迎水侧设置植草沟解决排水问题。河道两岸慢行系统由6座慢行桥相连接。桥梁规格一致，均为24m长，2.5m宽。连接两岸拟建的亲水平台及慢行系统。

（3）驿站设计。

为给市民提供更加优美、更加舒适、更加安全的休闲健身环境，河道沿线配套新建二级驿站2座和三级驿站3座，驿站功能包括自行车停车场、小卖部、公厕等。

二级驿站轴线长14.8m，宽4.95m，总建筑面积75.54m²。单层砌体结构，檐口标高3.60m，室内外高差300mm。不上人双坡屋面，青砖瓦（红色）保温屋面，无组织排水。墙体采用M7.5蒸压灰砂砖，M7.5混合砂浆砌筑，±0.000以下用M7.5水泥砂浆，内、外墙均240mm厚，外墙外设100mm厚聚苯乙烯保温板，耐火等级为二级，

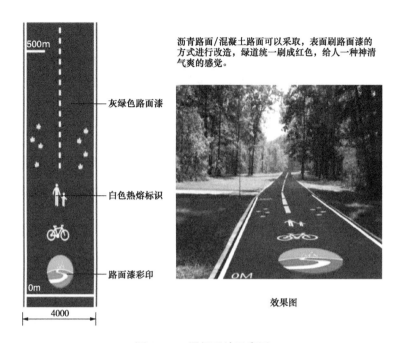

沥青路面/混凝土路面可以采取，表面刷路面漆的方式进行改造，绿道统一刷成红色，给人一种神清气爽的感觉。

灰绿色路面漆

白色热熔标识

路面漆彩印

效果图

图 15-7　慢行系统示意图

防火等级为 Ⅱ 级。基础采用钢筋混凝土条形基础，自行车棚为钢筋混凝土独立基础。混凝土强度等级：除基础 C30、垫层 C15 外，其他均为 C25。钢筋保护层厚度：圈梁、构造柱 30mm，基础 40mm。钢材为 Q235B。砌体质量控制等级为 B 级。功能包括自行车停车场、小卖部、公厕等。

三级驿站轴线长 15m，宽 3m，总建筑面积 54.28m²。单层砌体结构，檐口标高 3.60m，室内外高差 300mm。不上人双坡屋面，青砖瓦（红色）保温屋面，无组织排水。墙体采用 M7.5 蒸压灰砂砖，M7.5 混合砂浆砌筑，±0.000 以下用 M7.5 水泥砂浆，内、外墙均 240mm 厚，外墙外设 100mm 厚聚苯乙烯保温板，耐火等级为二级，防火等级为 Ⅱ 级。功能包括自行车停车场、小卖部等。

（4）照明设计。

照明系统采用景观路灯，每隔 30m 间距设置一盏，灯高 8m，沿线配套照明路灯 282 盏，注重定期维护和后期养护。

2. 生态净化

水生植物实质是一个综合生态系统，主要应用生态系统中各个共生物种的能量和物质循环的再生作用，在促进水中污染物良性循环的前提下，充分发挥资源生产潜力，获得污水处理与资源化的最佳效益，防止污水对环境造成二次污染。

种植水生植物的优点是：①缓冲容量大、处理效果好；②工艺简单、投资少、运行费用低；③对于项目区地形条件的要求较为宽松，施工时可因地制宜。

根据工程建设任务与实际情况，只布置挺水植物。

（1）挺水植物选择。

结合水生植物净化水质、美化环境的特定功能，应选择具有净水能力强、抗风能力强、耐寒、耐瘠薄土壤的挺水植物品种，适宜的挺水植物品种见表 15-1。

表 15-1 适宜挺水植物品种特性表

种类	科属	图片	形态特征	生态习性
芦苇	禾本科芦苇属		多年生水生或湿生的高大禾草，芦苇的植株高大，地下有发达的匍匐根状茎。茎秆直立，秆高 1~3m。叶长 15~45cm。圆锥花序分枝稠密，向斜伸展，花序长 10~40cm。具长、粗壮的匍匐根状茎，以根茎繁殖为主	在我国广泛分布，生长在灌溉沟渠旁、河堤沼泽地等。保土固堤植物。苇秆可作造纸和人造丝、人造棉原料，也供编织席、帘等用；嫩时为优良饲料；嫩芽也可食用；花序可作扫帚；根状茎叫作芦根，中医学上可入药
香蒲	香蒲科香蒲属		多年生水生或沼生草本植物，植株高 1.4~2m，最高高达 3m 以上。根状茎白色。茎圆柱形。叶扁平带状，长达 1m 多，宽 2~3cm。肉穗状花序顶生圆柱状似蜡烛。花粉黄色。坚果细小。花期 6~7 月，果期 7~8 月	广泛分布于全国各地，喜温暖、湿润和阳光充足的环境。耐寒，怕干旱和风，耐半阴。生长适温为 15~25℃，温度低于 10℃时茎叶停止生长。冬季能耐 -15℃低温
水葱	莎草科藨草属		多年生宿根草本植物，植株挺拔，呈针形。在充足的营养条件下，水葱基部直径可达 2.0~2.5cm，株高在 2m 左右，水葱为地下根茎植物，地下茎发达，入水即可生长。始花期为 3 月。其种子成熟期为开花后的 2 个月左右	遍布我国各省区，喜温暖、湿润和阳光充足的环境。耐寒，怕干旱，耐阴。生长适温为 15~30℃，温度 10℃以下，茎叶停止生长。冬季能耐 -15℃低温

（2）挺水植物布设。

在不影响河道行洪及河槽稳定的前提下，依据地形、地貌、土壤及水生植物生长习性，在河道两侧布设水生植物带。

本次造化排支黑臭水体治理生态净化主要采用种植水生植物方式，适宜水深0.3~0.6m，栽植宽度为沿两侧岸脚1.5m宽范围，水生植物物种选择水葱、蒲草及香蒲，间距为0.3m×0.3m，共种植6排。

（五）区域监控

河道两岸设枪式监控摄像头，用于监控河道沿岸运行情况，并方便运行管理，监控室结合驿站布置，采用内部光纤传输数据。摄像头布置于河道两岸，间距120m，转弯处适当加密。共计布设摄像头74处，铺设光缆4.9km，结合驿站值班室配备计算机8台。

（六）气盾坝工程设计

1. 气盾坝

气盾坝坝体纵向长度8.0m，设计分为2个坝段，其中，左、右两坝段各长4.0m。各部分结构尺寸如下：

（1）铺盖：上游铺盖采用C25钢筋混凝土结构，顺水流方向长5.0m，厚0.4m，下设0.1m混凝土垫层。

（2）坝体：坝体底板顺水流方向长度为3.8m，采用C25钢筋混凝土结构，平均厚度1.0m，上下游均设置0.5m厚齿墙。

（3）消力池：消力池段顺水流方向长10.0m，深0.5m，采用C25钢筋混凝土结构厚0.4m，下游设置0.4m厚齿墙。

（4）海漫及防冲槽：海漫顺水流方向长度5.5m，厚度0.5m，采用绿滨垫（2.0m×2.0m×0.5m）护底型式，下设一层土工布（300g/㎡）及粗砂垫层0.1m，后接3.5m长抛石防冲槽，防冲槽深1.0m。

2. 充排气控制系统

本系统分为手动充排和自动充排两种控制方式。充排气管采用Dn32PPR管，每根管控制1个气囊。根据选定的1.0m高气盾坝，本次共需配置2块气囊，单个气囊规格 3.4m×1.0m×26mm，单气囊容积为 1m³，充气总量为 2m³，充气时间为 20min。

3. 充排气控制管理泵房

充排气控制管理泵房位于坝轴线右岸堤防外侧，距离气盾坝右侧边墙 12.5m，场区占地面积 0.3 亩。砖混结构，泵房长 21.6m、宽 6.8m、高 3.3m，建筑面积 146.88m²。

五、小结

本工程通过控源截污、内源治理、引蓄水源工程、生态修复、拦河蓄水等工程，消除河道黑臭，增强河道防洪排涝能力，提升环境景观，改善周边市民的居住环境。解决了治理前存在的生产生活污水直排入河、河道淤积、垃圾堆积、防洪排涝能力低、岸坎无防护、景观系统缺失以及生态系统不完善等问题。

通过新建污水处理系统进行控源截污，通过垃圾清运及清淤工程进行内源治理，通过新建提水泵站、埋设管线及建设气盾闸实现引水补水蓄水，通过护岸工程、慢行系统、驿站建设、照明工程实现岸带修复，通过种植水生植物实现生态净化。

采用防腐钢筋石笼直墙护岸，生态效果好，投资节省并节省空间，减少两岸占地拆迁，在有限的空间布置了 2m 宽亲水人行路及 4m 宽慢行系统彩色沥青路面。

本工程采用了在防洪安全、自身安全、使用寿命、运行成本、维护管理、施工安装与工期等方面均有较大优势气盾坝景观闸坝。

治理后的造化排支如图 15-8 所示。

图 15-8 治理后的造化排支

参考文献

［1］李尚志，等．水生植物与水体造景［M］．上海：上海科学技术出版社，2007．

［2］闫宝兴，等．水景工程［M］．北京：中国建筑工业出版社，2005．

［3］辽宁省质量技术监督局．DB21/T 2921—2018，冲填砂浆结石技术导则．

［4］李千，王成山，等．冲填砂浆结石技术综述．水电与抽水蓄能，2021（2）：70–73．